国家中等职业教育改革发展示范学校建设项目系列教材

民族服饰的配饰制作

MIN ZU FU SHI DE PEI SHI ZHI ZUO

主 编 ◎ 覃海莹 易 卫

副主编 ◎ 欧时昌 叶家宁 田 非

经济管理出版社

ECONOMY & MANAGEMENT PUBLISHING HOUSE

图书在版编目（CIP）数据

民族服饰的配饰制作/覃海莹，易卫主编. —北京：经济管理出版社，2015.6
ISBN 978-7-5096-3868-2

Ⅰ.①民… Ⅱ.①覃… ②易… Ⅲ.①服饰—制作—中等专业学校—教材 Ⅳ.①TS941.7

中国版本图书馆 CIP 数据核字（2015）第 147471 号

组稿编辑：魏晨红
责任编辑：魏晨红　王格格
责任印制：黄章平
责任校对：王　淼

出版发行：经济管理出版社
　　　　　（北京市海淀区北蜂窝 8 号中雅大厦 A 座 11 层　　100038）
网　　址：www. E-mp. com. cn
电　　话：(010) 519156
印　　刷：北京市海淀区唐家岭福利印刷厂
经　　销：新华书店
开　　本：787mm×1092mm/16
印　　张：11.25
字　　数：191 千字
版　　次：2015 年 6 月第 1 版　　2015 年 6 月第 1 次印刷
书　　号：ISBN 978-7-5096-3868-2
定　　价：36.00 元

《民族服饰的配饰制作》编写小组

主　　编：覃海莹　易　卫

副 主 编：欧时昌　叶家宁　田　非

参　　编：李沛丽　淡　睿　区长征　梁战锋　许文瑶　吴枰驹
徐　谦　吴锡斌　余敢冲　马伟霞　邓风玲

前言

　　少数民族文化艺术多姿多彩。在漫长的历史岁月里，少数民族创造了大量优美的民族文化，它是中华文化的重要组成部分，是中华民族共有的精神财富，是人类文明的重要成果。

　　从字面上理解，服装配饰是除主体时装（上衣、裤子、裙子、鞋）外，为烘托出更好的表现效果而增加的配饰，其材质多样，种类繁杂。服装配饰已逐渐地演变成服装表现形式的一种延伸，成为体现美的不可或缺的一部分。

　　如何将少数民族文化演绎在服饰配饰上，是本书编写的意义。

　　本书采取项目教学法，由五个项目组成，分别为认识民族服饰、了解民族服饰的配饰文化、熟悉配饰材质、配饰的制作及民族服饰的配饰精品欣赏。其中，对民族服饰的配饰文化、材质及制作做了重点讲述。每节后都配有思考与练习题，让学生在循序渐进的学习中不断巩固和拓展，是一本重基础、重实用性、具有民族特色的中职学校教材。

　　本书由覃海莹、易卫主编，欧时昌、叶家宁、田非副主编，李沛丽、淡睿、区长征、梁战锋、许文瑶、吴枰驹、徐谦、吴锡斌、余敢冲、马伟霞、邓凤玲等同志参编，在此对他们的辛勤劳动表示诚挚的感谢。由于作者水平有限，书中难免存在缺点和不足，殷切希望广大读者批评指正。

编　者

2015 年 6 月

目录

认识民族服饰

民族服饰概念认知

一、民族的定义

"民族"是人们朝夕与共、极为熟悉的一种社会现象，但是关于民族的起源与形成，却不为众人所知。概括起来，民族是一个历史范畴，是人们在历史上形成的共同体，有其发生、发展和消亡的历史过程。

"民族"这一概念，在我国民族学界因学术观点各异而有不同的含义，一般认为有广义和狭义之分。广义的"民族"是指处于不同历史发展阶段的各民族共同体，如蒙昧民族、野蛮民族、文明民族、狩猎民族、游牧民族、农耕民族、原始民族、古代民族、现代民族、前资本主义民族、资本主义民族或资产阶级民族、社会主义民族等，都涵盖在这一"民族"概念之内，相当于希腊文"Ethnos"一词或英

文"Ethnic Group"的含义。

而狭义的"民族"定义，是在实际运用中都以斯大林民族的定义为基准的，即"民族是人们在历史上形成的一个有共同语言、共同地域、共同经济生活以及表现于共同文化上的共同心理素质的稳定的共同体"。

民族共同体自产生起，先后经历了原始民族、古代民族、现代民族等几个阶段，民族这个人们共同体并不是在人类社会一开始就有的。在人类社会初期长达几百万年的漫长历史中并没有民族，民族是在人类社会发展到一定历史阶段才产生的。

二、民族服饰的概念

服饰的起源与人类文化的发展是紧密联系在一起的。民族服饰是指一个民族的传统服饰，不同民族在其特有的人文环境中获得了各自存在的方式，不同服饰反映了各具特色的文化传统和文化心理。各个不同的民族由于所处文化环境不同、地理环境不同、审美心理定式不同，当然也由于生产方式的不同，导致服饰有所不同。

服饰与衣服的概念不同。服饰包括人，是指人着装后的整体。它包括与身材、肤色、脸形、体态有关的化妆、发式、衣服、佩饰及鞋袜等。服饰的价值具有两重性：使用价值与审美价值。其使用价值为服饰的物质内涵所决定，而服饰一旦作为一种审美的客体，人们对其以美的尺度加以衡量，则可见其审美价值。使用价值是具体的，审美价值则是抽象的。服饰是人对自身外在美的一种设计，是美化人体的一门艺术，也是人们自我表现的心理外化之一。没有人体就没有服饰，而精美的服饰能弥补人的自然美的不足。穿什么服饰才美，成为人类生活和物质文明的永恒主题之一。

从一定意义上说，服饰又是没有文字的历史文献，是了解和认识这个民族的绝好史料，也是了解这个民族文化的一个重要侧面。因此，民族服饰是民族构成的要素之一，有的时候甚至成为该民族的文化符号。

● 思考与练习

（1）民族是什么时候形成的？民族与种族、氏族之间的区别是什么？

（2）服饰包括哪些方面的内容？举例说明某个民族服饰（国内或国外）。

了解民族服饰特点

一、民族服饰质地的多样化

民族服饰的质地材料是少数民族服饰最主要的表现方式，主要是天然纤维原料中的棉、麻、毛、丝以及其他天然可取纤维等。棉的特性主要表现在棉纤维的强度高、透气性好、抗皱性差、拉伸性也较差；耐热性较好，仅次于麻；耐酸性差，在常温下耐稀碱；对染料具有良好的亲和力，染色容易，色谱齐全，色泽也比较鲜艳。人类利用原棉的历史悠久，早在公元前 5000 年前，中美洲及南亚次大陆可能已开始利用，中国至少在 2000 年以前，在现今新疆等地区已采用棉纤维作为纺织原料。公元 13 世纪后，棉在长江流域普遍种植，成为中国最大的纺织原料。少数民族服饰多数是以棉为主要材料，而今在一些少数民族地区尚存在种棉、采棉、纺棉、织布的传统织布工艺。

麻纤维是人类最早利用的纺织纤维，主要有苎麻、亚麻、黄麻、洋麻、大麻、罗布麻等。麻织物具有粗犷、挺括、典雅、轻盈、凉爽、透气、抗菌等优点，其优越性与独特风格是别的纤维无法比拟的。它与棉、丝、毛或化纤进行混纺、交织，可以弥补上述四大纤维的缺陷，达到最佳织物功效。麻衣料冬暖夏凉，夏季麻衣料不沾身且不和其他衣服相沾，具有良好的通风条件，衣服的散湿热量大于吸湿热量，必然感到凉爽。麻面料在棉大范围推广之前曾经是中国平民百姓主要的衣料来源，而后其大宗衣料的地位逐渐被棉料取代。如今，在少数民族服饰中，以傈僳族的"麻布衣"最为出名。

毛料的使用主要是在天气比较寒冷和畜牧业比较发达的北方少数民族地区，其中主要以羊毛为主，如藏族、裕固族、普米族用羊毛织物"氆氇"做衣料。同时，由于工艺所限，北方民族服饰质地材料多以整块动物皮毛为面料，例如陕北的"羊皮袄子"，而在东北大兴安岭的鄂伦春族和鄂温克族冬季常穿的毛皮料大衣主要由狍子、狼、兔、鹿等动物的皮毛制作而成。

民族服饰质地材料中真正全部用丝的并不是很多，更多的时候是用棉丝混织出各种彩色的织锦，例如黎锦、傣锦、壮锦、苗锦等都是以棉纱为经线以丝绒为纬线的纺织物。然而，由于历史的原因，尤其是受到中国最后一个王朝——清朝的影响，蒙古族的蒙袍、满族的旗袍以及藏族的藏袍都以丝质地的锦缎作为其服装的主要面料，彰显其富贵和特权，进而形成其民族服饰文化的特点。同样，由于受"丝绸之路"文化的影响，维吾尔族、乌孜别克族多采用艾得丽丝绸做夏装，显得神秘、浪漫。

除了棉、麻、毛、丝外，民族服饰质地材料的来源还有很多。例如赫哲族善于用鱼皮制衣，具有耐磨、保暖、防水、不挂霜的特点。傣族的树皮衣和海南黎族的树皮衣，都是少数民族树皮服饰中最具有代表性的。侗族、苗族善于用鸡蛋清、牛皮汁、猪血浆染而成的亮布制衣。彝族的"火草布"也独具特色，透气性强、保暖、柔软、舒适、光泽好，彝族姑娘们往往将其作为"定情衣"的服装材料。

二、民族服饰丰富的款式

衣装款式的多样化，意味着族群文化的发展，也是人的文化性需要强化的标志。原来仅以满足于护体保暖等实用需要的衣服，在形制、种类等方面，日渐丰富起来，并被附着上政治、伦理、宗教、审美等诸多文化功能。在形制上，已由单层整块裹体或局部遮护，变为多层分装穿着，包括内衣、外衣、上衣、下衣、头衣、足衣等，衣服的质料、色彩、图案、装饰等，也越来越多样化；在种类上，则将衣着分为若干类型，比如，按性别和年龄有男装、女装、童装、青年装、中老年装等，按人生礼仪有婴（诞生）服、成年（换装）装束、婚礼服、寿衣和丧服等，按社会角色有不同等级的朝服、公服、戎服（军装）、官服、祭服或法衣，以及形形色色的礼服便装和行业服装。而在分布广阔、社会形态多样的少数民族之中，服装的款式更是不拘一格，异彩纷呈。中国各民族的衣装，形形色色，表现了各民族人民丰富的想象力和造型能力。其中较有特色的，有以下几类：

原始的披裹式衣，当是远古"衣皮茹血"的残留形式。独龙族"独龙毯"的披法，基本还是整布披裹的古式。还有一种服装款式，如纳西族、门巴族、羌族、彝族、普米族等民族习惯用的羊皮披肩、披毡等，应是上古披裹兽皮的遗俗。披裹式衣蔽后为披，遮前为围。蔽后之物除羊皮披肩、披毡等，还有一些特殊款式，介于服与饰之间，如云南巍山彝族妇女腰背处的人面白团毡，其实用功能是背物的垫子，幻化功能则是"看"着背后，以防邪灵袭击。遮前之围多为胸腹式，上端系挂脖头，中间系于腰后，一般称为"围腰"、"兜兜"或"肚兜"，原为贴身内衣，过去男、女皆可服。这种服饰后来穿服于外，上面绣花描凤，成为许多民族女装常有的装束。

短衣在农耕民族中使用广泛，形制也很多样。最常见的有对襟衣、斜襟衣、无襟衣及各式短褂，其长一般能遮住腰股。也有极短的，如朝鲜族女子短衣，仅有20厘米长；傣族女子小褂，刚及肚脐；哈尼族女褂，只遮住胸乳极有限的部位。

袍衫式衣总承古代"深衣"制，而交领、贯头衣也是一种古老的样式，在彝族、瑶族、布朗族、佤族、苗族、珞巴族等民族中都很流行，主要形制为整体布披挂，中挖一孔，以头贯之。宽袖大襟袍大部分为生活在山区或寒冷地区的民族常服，较有特色的有鄂伦春族、鄂温克族、达斡尔族和藏族的兽皮袍，赫哲族的鱼皮袍，满族、蒙古族、锡伯族、土族、羌族、普米族等民族的棉、绸大袍。

下装：少数民族妇女多穿裙，主要有连衣裙、长裙、桶裙、百褶裙和带裙几种。裤，古称绔，形制为两个裤筒，套于两腿，上端以绳带系在腰带上，前后无裆，形如套裤或腿套。穿这种无裆裤，外面要罩以裙、袍之类。西北地区较寒冷，东乡族、哈萨克族等民族妇女，大都喜欢在长裤外，再套绣花套裤，便于活动而又保暖。

北方少数民族因气候关系，大都穿较宽松的长裤。由于气候寒冷，还有棉袄、皮裤、毛裤等类。这类长裤形制大，如不塞入鞋中，便用带子把裤脚扎紧，叫"灯笼裤"，一般年老者才扎，如回族、锡伯族等民族。塔塔尔族长裤称"两截裤"，以膝为界，上下不同色，少女裤下半截用红，已婚妇女用蓝。南方少数民族裤式极多，肥瘦长短各不相同。一般而言，瘦裤腿较少，仅在傣族（旱傣）、阿昌族等族的少女中较为流行。另一种形制较宽，状如直筒，裤长及踝。最普遍的款式是宽脚裤，沿海及西南许多民族都喜欢穿。

绑腿和鞋袜：绑腿和鞋袜又称"足衣"。居于山野林莽的民族为避山石荆棘的伤害，多于小腿处缠裹绑腿（类似古代的"邪幅"）。最早的绑腿，为竹木所制，较典型的有怒族、独龙族等族的竹片绑腿。绑腿的捆法、材料、色彩等各不相同，有的将长裤扎束进绑腿，有的则直接在小腿上缠裹，上着短裤或短裙；有的民族的绑

腿取色淡素，如普米族、彝族、怒族、独龙族、德昂族、纳西族、羌族等民族，有的民族的绑腿绣花缀图，如苗族、侗族、景颇族、基诺族、阿昌族、哈尼族、畲族等民族。还有一种绑腿，不用布条绑扎，而是用布整片裹扎，两端用带子捆牢。革靴或毡靴可以算作护腿与护脚（绑腿与鞋）合一的型制。一般而言，牧区多穿皮靴，农区多穿毡靴。

尽管西南亚热带地区的民族多跣足，但鞋履的种类也有一些较有特色的类型。如毛南族的竹篾鞋、羌族的麻窝子鞋、布依族的细草鞋、侗族的无跟草鞋、白族的厚底板布雨鞋、仡佬族的元宝鞋和勾勾鞋等。彝族的布鞋，最有特色的是勾尖绣花布鞋。这种鞋为船形，尖头向上内勾，鞋帮绣有花、草、鸟、兽的图案，流行于云南西部和南部地区，又称"稼妆鞋"。其他民族的布鞋，也喜在鞋帮上绣花，鞋口有圆口、方口、剪子口（尖口）等。少数民族过去穿袜子的不多，打赤脚的多，穿鞋也光足而履。唯穿长筒皮靴者，为保暖也偶有加服毛袜、布袜的，如俄罗斯族、普米族、怒族等穿羊毛线袜，哈萨克族、塔吉克族等民族穿毡袜，东乡族、锡伯族、侗族、水族等民族穿布袜。在水族中，有一种叫"蛮亚"的布袜，用棉线纳布壳为底，用双层育布或白布为帮，高到半腿。

三、民族服饰的色彩特点

色彩是民族服饰的构成要素之一，它用象征的方式表达着民族的深层文化心理，从而成为一种象征符号。综观少数民族服饰的色彩，其艳丽丰富，用色大胆、强烈而又协调，洋溢着一种浪漫的激情和充沛的生命活力，达到了许多有经验的艺术家也难以企及的境界。

民族服饰色彩文化颇具"鲜明"特色，如其色彩、色相单一而突出，大气而豪放；色彩情调喜庆吉祥，积极健康；色彩形式艳丽而明快，赏心悦目，不落俗套。民族服饰色彩文化的最初形态是自然色彩，是以自然现象对远古人民的直接反映与人们对它的直接感知为特征，斗转星移，日月生辉，自然色彩给予古代先民灵感与启示。从普照万物的太阳到给予人类温暖的火种，以及动物殷红的鲜血。红色，对于原始人类不啻温暖、食物、安全、希望和生命，因此获得了莫大的崇拜和敬仰，红色自然成为原始人类最关注的色彩。这种自然色彩是最初服饰色彩文化的最基本的特征。

● **思考与练习**

（1）民族服饰质地有多少种？举例说明除了"棉、麻、丝、毛"之外的特殊民族服饰材料，并且陈述使用的原因。

（2）举例说明我国某个民族的服饰款式，并对此进行特点说明。

（3）思考民族服饰色彩取样的来源，并举例说明某个少数民族对某种颜色的热爱。

任务三

中国民族服饰认知

一、中国民族概况

据 2000 年全国人口普查公报的统计，中国大陆 31 个省、自治区、直辖市的人口总数为 126583 万人，其中汉族 115940 万人，占全国人口的 91.59%；少数民族 10643 万人，占全国人口的 8.41%。与 1990 年第四次人口普查结果相比，汉族人口增加了 11692 万人，增长了 11.22.%；少数民族人口增加了 1523 万人，增长了 16.70%。汉族人口占总人口的比重由 91.99%下降为 91.59%，各少数民族人口的比重由 8.01%上升为 8.41%。

根据 2000 年全国人口普查的结果，在 55 个少数民族中，人口在百万以上的有 18 个民族，分别是：蒙古族、回族、藏族、维吾尔族、苗族、彝族、壮族、布依族、朝鲜族、满族、侗族、瑶族、白族、土家族、哈尼族、哈萨克族、傣族、黎族。其中壮族人口最多，为 1600 多万人。人口在百万人以下 10 万人以上的有 15 个民族，分别是：傈僳族、佤族、畲族、拉祜族、水族、东乡族、纳西族、景颇族、柯尔克孜族、土族、达斡尔族、仫佬族、羌族、仡佬族、锡伯族。人口在 10 万人以下 1 万人以上的有 15 个少数民族，分别是：布朗族、撒拉族、毛南族、阿昌族、普米族、塔吉克族、怒族、乌孜别克族、俄罗斯族、鄂温克族、德昂族、保安族、裕固族、京族、基诺族。人口在 1 万人以下的有 7 个民族，分别是：门巴

族、鄂伦春族、独龙族、塔塔尔族、赫哲族、高山族、珞巴（按实地普查区域的人数计算）族。另外，还有未被确定民族成分的人口，共73.4万多人。

总的来说，我国少数民族人口的分布有两个特点：

第一，小聚居和大杂居。少数民族人口主要集中在西南、西北和东北各省、自治区。内蒙古、新疆、西藏、广西、宁夏5个自治区和30个自治州、120个自治县（旗）、1200多个民族乡是少数民族聚居的地方。但在这些地区又都杂居着不少汉族，其比例也相当高。如在内蒙古、广西、宁夏三个自治区中，汉族人口都超过了少数民族人口；在新疆，汉族人口占40%。同样，在各汉族地区也杂居着许多少数民族。近20年来，少数民族杂散居人口增长快，民族杂散居的县市越来越多。

第二，分布范围广，但主要集中于西部及边疆地区。2000年人口普查数据表明，各民族平均分布在30个省自治区，有29个民族分布在全国所有的省自治区中。全国拥有56个民族的省自治区有11个，占全国31个省自治区的35.5%。尽管少数民族分布范围很广，但其人口仍主要集中在西部及边疆地区。2000年人口普查结果显示，广西、云南、贵州、新疆4个省区的少数民族人口之和占全国少数民族人口的一半以上，再加上辽宁、湖南、内蒙古、四川、河北、湖北、西藏、吉林、青海、甘肃、重庆和宁夏，以上16个省区的少数民族人口占全国少数民族人口的91.32%。我国陆地边境线全长2万多公里，绝大部分是少数民族地区。

二、中国民族服饰

中国民族服饰指的是中国各民族的服饰情况，一般特指除了汉族外的55个中国少数民族服饰，即中国各少数民族日常生活以及节庆礼仪场合穿用的民族服装。中国55个少数民族的着装，由于地理环境、气候、风俗习惯、经济、文化等原因，经过长期的发展而形成不同的风格，五彩缤纷、绚丽多姿，并具有鲜明的民族特征。

中国民族服饰具有广谱性的审美特征。56个民族的服饰陈列在一起，令人仿佛走进了一座美不胜收的民族文化宫，它们所体现的古朴之美、凝重之美、清雅之美、怪诞之美、重叠之美令人目不暇接。

中国的民族服饰一向以其鲜明的色彩、精巧的工艺、多样的款式、独特的风情著称于世，有不少服饰只需投以一瞥，就会留下令人难忘的印象。世界上恐怕很难找到第二个像中国这样的国家，在一国的疆域里，在同一时间内，可以出现这样丰富多彩、风格款式迥然各异的民族服饰。美是自由的象征，在服饰艺术中，同样凝聚了人的智慧、灵巧和自由创造的才能，一套精美的衣裙往往费时数载才能做成，一针一线都倾注了妇女们炽热的感情和丰富的想象。我国民族服饰中巧夺天工的刺绣、精密细致的编织、生动艳丽的图案，无一不是民族智慧的结晶，民族审美心理的物化，它从一个侧面表现了古老的中华民族文化的成熟和辉煌。

综观中国各民族服饰的林林总总，我们可以发现：各民族之间的服饰是相互影响的。唐代是中国历史上主动加强中外文化交流的封建王朝，服饰方面受到西域诸少数民族的感染最深，远自波斯、吐火罗，近之突厥、吐谷浑和吐蕃，都与唐帝国有往来，长安城里的青年男女倘若不穿一两件胡服，不饰胡妆，似乎就显得"土气"。元和中，长安宫中人流行回鹘装——"回鹘衣装回鹘马，就中偏称小腰身"。无怪乎元稹叹曰："自从胡骑起烟尘，毛毳腥膻满咸洛。女为胡妇学胡装，伎进胡音务胡乐，火凤声沈多咽绝，春莺啭罢长萧索。胡音胡骑与胡妆，五十年来竞纷泊。"这是开元、天宝以来，胡服、胡妆、胡乐盛行的生动写照。

汉、唐服饰同样对西域内外少数民族有深远的影响。长沙马王堆一号汉墓出土的汉代菱纹起绒锦，不但在甘肃武威磨嘴子发现过，在诺音乌拉汉墓中也可以见到。此外，丝绸之路东端的长安、武威、敦煌、额济纳，新疆境内北道沿线的吐鲁番、库车、拜域、巴楚，南疆的楼兰、尼雅都曾发现汉代影绢、锦绮、纱罗、民丰东汉墓曾出土整件锦袍。回鹘由于长期与唐朝接触，大量接受唐朝赠送的物品，可汗不断迎娶唐朝公主，以及大臣、使节频频入唐，其服装受到中原服饰影响尤深。《资治通鉴》记曰："初，回鹘风俗朴厚，君臣之等不甚异。……及有功于唐，唐赐遗甚厚，登里可汗始自尊大，筑宫室以居妇人，有粉黛文绣之饰。"这是唐装影响回鹘装的历史记载。

随着我国改革开放步伐的加速，东西方文化交汇、融合的深化，中国民族服饰正以令人炫目的风姿，款款地走向世界。上下五千年的中华民族的灿烂文化，通过服饰的展现，已受到国外越来越多的有识之士的关注。中国民族服饰意蕴的开掘，现在仅仅是一个开始，中国民族服饰文化是一片"大海"，民族服饰的配饰也一样如大海般资源丰富。

● **思考与练习**

（1）思考中国少数民族服饰的特征，以及民族服饰在不同场合具有的特殊意义。

（2）举例说明中国某一个民族服饰的特点。

任务四

世界民族服饰认知

人们喜欢用"世界民族之林"来形容世界上民族之多。那么，在当今世界之中，究竟有多少民族？对这个问题很难做出准确回答，因为各国对"民族"的理解不同，有些国家未做过民族划分，还有些国家甚至不承认本国有不同民族的存在。根据学者们的估计，当代世界上有大小2000多个民族。当然，这只是个概数。

世界民族分布有如下特点：第一，凡是经济、文化比较发达的民族，一般都居住在大河流域及沿海人口稠密、交通方便的地区，而经济比较落后的民族，大多居住在崇山峻岭、孤岛寂野、草原荒漠、热带雨林、极地冰原等人烟稀少、交通不便的地区。地理位置和自然环境对各民族经济文化的发展具有很大的影响。第二，全球各民族都有自己人口相对集中的聚居区，同时，多数民族，尤其是人口众多、经济文化比较发达的民族，往往又与邻近其他民族交错杂居，甚至跨国、跨洲而居。而且随着时间的推移，世界范围内各民族因相互交往增多，交错杂居的现象逐渐增多。第三，世界上绝大多数国家都是多民族国家。在多民族国家里，一般居住着一个经济文化较发达、势力较强大、在各方面起主导作用的民族，其余为少数民族。单一民族国家很少。

世界民族服饰由于民族众多和其复杂性因而没有统一的世界民族服饰特点。但是根据世界民族的分布，可以从地域上对世界民族服饰的特点进行分析。

一、亚洲

亚洲是七大洲中面积最大、人口最多的一个洲。其覆盖地球总面积的 8.7%（或者总陆地面积的 29.4%）。人口总数约为 40 亿，占世界总人口的约 60.5%（2010

年）。亚洲绝大部分地区位于北半球和东半球。亚洲人口超过 31 亿，占世界人口的近 2/3。这些人口分属于 41 个国家约 540 个民族。各民族人口多寡悬殊。在世界人口超亿的 7 个民族中，亚洲占了 4 个。亚洲地区各民族在人种、民族起源、语言、民族历史沿革和文化形态上都十分复杂。

东北亚地区民族的服饰多种多样，各具特色。朝鲜人喜欢穿白色衣服，妇女穿小袄长裙，喜穿"勾鞋"。男子短褂肥裤，外加坎肩。大和民族的传统服饰为"和服"，但是在现代生活中已不多见。阿伊努人曾经以鸟羽、兽皮、鱼皮为衣。蒙古族传统服饰与西伯利亚游牧民服装十分相似，均为敞衣襟的毛皮和棉布长袍，束腰带，穿蒙古靴，戴护耳帽，已婚的妇女在领口、裙口衣边上的绸缎装饰比男袍多，两侧开口，在皮袄子外面还穿一件对开襟的大背心。另外渔猎民族、养鹿民族喜穿用鱼皮或者鹿皮加工制作的衣服和靴子。

中亚各族的传统服装式样大体相同。男式和女式服装的主要部件基本相似。男式服装主要有长衫和肥腿裤子。各地区普遍穿敞襟长袖外衣，外衣的式样和颜色首先因地而异，其次因民族而不同。在农业地区，人们多穿长棉袍，牧民除长袍外还会穿一件毛布套衫。妇女头饰多种多样。游牧区的男子，冬季多穿皮衣皮裤，哈萨克男子还戴一种三叶形的大皮帽子。

西亚大多数居民的服装样式都很相似，不同之处一般表现在头饰上。阿拉伯男子常用一块专用的头巾缠在头上，用毛线结紧。土耳其男子过去喜戴圆筒形小帽。伊朗和阿富汗人，喜戴羊羔皮帽。许多尚武的部落，如阿拉伯人、卢尔人、巴赫蒂亚尔人、普什图人、俾路支人等的男子，随身佩戴各种刀剑和枪弹。

南亚地区男子一般穿衬衣、无领长袖宽衣，缠围裤或者穿宽大衣裤；妇女多穿浅色前开襟短紧身衣，下裹莎丽，一端围缠腰身，另一端披在肩上。各族妇女都喜戴首饰，如手镯、脚镯、耳环、鼻环、戒指和项圈等。另外，由于民族和居住地域的不同，服饰上也存在着许多差异性。孟加拉男子和部分旁遮普男子缠包头，印度教徒严禁穿牛皮鞋。托达人男女都穿相同式样的斗篷。安达曼人还有穿树皮围裙和草裙的现象。

东南亚各民族的服装各异，但具有许多大致相同的特点。在古代，人们多穿各种不缝合的衣服。男子用一块宽大的棉布把整个身躯围起来，不准一端垂到两腿中间充当裤子，贴身穿短褂；女子用一块布像裙子一样缠在腰间。很多民族，如老挝

人、泰人、高棉人、缅甸人的传统服装都具有这样的特点，后来逐渐改穿缝合的衣服。男子穿对襟无领上衣、短裤、长裤或者纱笼；女子穿对襟或者右襟无领上衣和纱笼。此外，不少民族喜戴草帽或者包头巾，脚穿草鞋或者凉鞋。衣服上还佩戴各式各样的、自己制作的或者购买的装饰品。

二、欧洲

欧洲全称为欧罗巴洲，是世界上经济较发达的大洲，它位于东半球的西北部，北临北冰洋，西濒大西洋，南隔地中海与非洲相望，东与亚洲大陆相连。欧洲的面积是世界第六，人口密度平均每平方公里 75 人，是世界人口第三多的洲，仅次于亚洲和非洲，欧洲是人类生活水平最高、环境以及人类发展指数最高及最适宜居住的大洲之一。欧洲现有 44 个国家和地区，7.837 亿人口（1991 年统计结果，包括俄罗斯全部人口），约占世界总人口的 15%，如果不算近代移民，该洲共有 80 多个民族。其中人口超过 1 亿的民族为俄罗斯人。人口超过 1000 万的民族有 13 个，分别是德意志人、意大利人、英格兰人、法兰西人、乌克兰人、波兰人、西班牙人、罗马尼亚人、匈牙利人、葡萄牙人、荷兰人、希腊人和捷克人；人口在 500 万以上的民族有 10 个。

南欧各族民族服饰按照地区划分。意大利的男式民族服装有：长到膝盖以下的短裤，百色敞胸长衫或斗篷、皮帽、筒帽。女式民族服装有：肥大的裙子、围裙、系带短外衣、敞襟外衣和帽子。法国的男式服装有：裤子、衬衫、坎肩、领带、礼帽和草帽。女式服装则与意大利妇女的服装大致相同。西班牙人在日常生活中穿民族服装的情况已经比较少见。其女式服装有：肥大的褶裙、华丽的纱衫和胸衣、毛线短上衣、鲜艳的披巾、纱头巾和宽缘帽。男士服装有：稍微长过膝的瘦腿裤、白麻布衬衫、背心、短外套、鲜艳的领带、双角小帽或大缘帽。葡萄牙人的服装与西班牙人的服装不同，葡萄牙人爱穿红、黄、绿各种颜色鲜艳的裙子。

西欧的日耳曼语各族的民族服装具有地区特点。在南部地区各民族中，胸衣、短褂、裙子、围裙都是用柔软的黑色毛呢做的。德国西部黑森地区的妇女至今还穿带褶的短裙，裙子下面露出百色长衫的边。弗兰哥尼亚妇女的民族服装多是红色或棕色的，有裙子和各种带齿形花边的坎肩，还有套头穿的短外套和敞胸女上衣。瑞士阿彭策尔州的德裔瑞士人天主教徒的女式服装有：黑色或红色的裙子或褶裙，装饰着银花饰的黑上衣、短外套，镶嵌着白色和黑色花边的帽子和上面绣着花卉的围巾。现在，日耳曼语各族的民族服装均已经被欧式服装所代替，人们只是在节日或演出的时候才穿民族服装。

东欧的斯拉夫语族：西斯拉夫人和南斯拉夫人的传统服装有多种式样。从 19 世纪后半期开始，其妇女中普遍流行穿欧洲城市式样的短裙。他们的上衣以款式新颖著称，有短皮袄、长袍、坎肩、斗篷等。东部斯拉夫人的民族服装更具有自己的民族特点。他们的衣着长期保存了一些持久不变的传统式样，不论男女都穿长衫，男子的长衫到膝盖处，女子的长衫还要长些。男子长衫是同一种样式，束腰紧身。

北欧的拉普人的民族服装属于北极服装类型，多见于饲养驯鹿的民族中。男式的有：用粗毛呢做的齐膝长的短大衣、瘦腿呢绒裤和长耳皮帽或护耳帽。女式的有：套头穿的长袍和呢绒长衫，上面镶有花边。不论男女都穿鹿皮做的尖端翘起的软皮靴。冬季服装是带风帽的长袖鹿皮衣，腰间扎一根皮带。红色是他们民族服装的主要颜色。

三、非洲

非洲，全称为阿非利加洲，位于亚洲的西南面，东濒印度洋，西临大西洋，北隔地中海与欧洲相望，东北角习惯上以苏伊士运河为非洲和亚洲的分界。非洲面积 3020 万平方千米（包括附近岛屿），南北长约 8000 千米，东西长约 7403 千米。约占世界陆地总面积的 20.2%，仅次于亚洲（4400 万平方千米），为世界第二大洲。非洲到底有多少个民族？迄今尚无一个确切的数字。据国际民族人口学家的最近统计，现今世界上共有大小 2000 多个民族，其中约有 1/4 生活在非洲。也就是说，非洲有 700 多个民族。其中，人口上千万的有 10 个，分别是埃及人、豪萨人、约鲁巴人、阿尔及利亚人、摩洛哥人、富尔贝人、奥罗莫人、伊博人、安哈拉人、苏丹人，其人口约占全非人口的 1/3，人口上百万的民族有 107 个，约占全非人口的 86.2%。而在其余不足 14% 的非洲人口中则有 600 多个民族。

北非男子有一种习惯，不论寒暑，头上不是扎一条头巾就是戴一顶毡帽。妇女们则蒙面，外出时，在黑色的面纱上扒开一道小缝以便看路。东非各族多穿传统形式的服装。男子穿棉布马裤，直领长衫，外面套一件夹斗篷。天气冷时，再补加一件厚衣服。通常人们不戴帽子，也不穿鞋。妇女多穿裙子，农村妇女头上蒙一块毛

巾，喜佩戴各种首饰。由于气候炎热，西非的人们衣着相对来说比较简单。男子除西装、衬衣外，更多的人则是身穿一件传统的长袍。这种长袍与北非的长袍有着明显的不同，它无领无袖，穿在身上裸露后肩、后臂。颜色不仅有白色，还有黄色、蓝色、红色，袍面上有富于变化的图案。长袍做工精细，式样肥大。一般的长袍都是用棉布做成的，大多数是用当地有名的土布缝制而成。妇女用一块花布缠住躯体当作裙子，躯体上部分完全露在外面。年轻妇女喜穿长裙，上衣为色彩艳丽的罩衫，头戴五颜六色的包头，长裙上印有动物或者人头像，看上去新颖别致，风格特异。年轻女子则有许多人穿短裙或围裙，而不再穿长裙。中部非洲的一些国家，如中非乍得等国家盛行长袍，但是无领无袖，貌似"和尚服"，长至下摆拖地，袖宽约一两尺，一般是用轻薄的薄麻布、细软的平纹布或者绸缎料子制成，有吸汗透风的特点，这种长袍白色居多，既可以其宽大而招风纳凉，又可以白色反光而减少日晒。妇女们的长袍有各种印花图案，穿起来舒适、美观、大方。一些中老年妇女习惯上身穿汗衫，下身束一种叫作"巴衣"的传统裙子。

四、美洲

美洲（America）分为北美洲与南美洲，位于太平洋东岸、大西洋西岸。美洲位于西半球，自然地理分为北美洲、中美洲和南美洲，南纬60°~北纬80°，西经30°~东经160°，面积达4206.8万平方千米，占地球地表面积的8.3%、陆地面积的28.4%，美洲地区拥有大约9.5亿居民，占人类总数的13.5%。是唯一一个整体在西半球的大洲。北美洲（North America）和南美洲（South America），以巴拿马运河为界，统称亚美利加洲，简称美洲，美洲又被称为"新大陆"。长期以来，人们按照语言特点把美国以南的美洲地区因为通用拉丁语而称为拉丁美洲，拉丁美洲包括墨西哥、中美洲、西印度群岛和南美洲。拉丁美洲现有33个独立国家和11块殖民地。人口超过1亿的国家是巴西，人口在1亿以下1000万以上的国家有6个，分别是墨西哥、哥伦比亚、阿根廷、秘鲁、委内瑞拉、智利。

印第安人是欧洲殖民者进入之前就已经世世代代居住在美洲土地上的土著人。印第安人不是严密的民族概念，而是遍布整个美洲大陆所有土著部落的泛称。印第安人的衣服是用皮革和毛皮缝制的。最好的皮革是麂皮，即是经过加工的鹿皮。不论男女都穿长袖皮袄，男子的皮袄长及膝盖，妇女的皮袄还要长一些。夏季的衣服主要用鹿皮制作，冬季的衣服用毛皮制作，脚上穿鹿皮皮靴并戴护腿，以防把脚冻坏。他们也穿皮裤，通常头上不戴帽子，只是天冷的时候在衣服上缝上一个皮风帽。不过，几乎所有的人头上都插羽毛。普通猎人头上插一两根大鹰的羽毛，部落首领和老年人在节庆日里头上要插许多羽毛作为装饰。人们的服装上普遍装饰着不同颜色的皮毛拼成的图案和用豪猪针装饰的花卉。图案和花卉表明本人在部落社会组织中的地位，这也是印第安人特有的一种头衔。

五、大洋洲

大洋洲位于太平洋西南部和南部的赤道南北广大海域中。在亚洲和南极洲之间，西邻印度洋，东临太平洋，并与南北美洲遥遥相对。大洋洲狭义的范围是指东部的波利尼西亚、中部的密克罗尼西亚和西部的美拉尼西亚三大岛群，为亚洲、非洲之间与南、北美洲之间船舶、飞机往来所需淡水、燃料和食物的供应站，又是海底电缆的交会处，在交通和战略上具有重要地位。大洋洲陆地总面积约 897 万平方千米。大洋洲有 14 个独立国家，其余十几个地区尚在美国、英国、法国等国的管辖之下。在地理上划分为澳大利亚、新西兰、新几内亚、美拉尼西亚、密克罗尼西亚和波利尼西亚六区。

澳大利亚土著居民现有 16 万多人，约占全国人口的 1.1%，主要聚居在澳大利亚北部、西部、中部沙漠和半沙漠地带。他们的服装很简单，有的部落根本就没有衣服，有的部落系一点腰带、四方巾。某些地方是披负鼠皮做的披肩，无论男女都把它披在肩背上，这种披肩晚上可以用来当盖被，还可以用来遮盖婴儿。装饰品是用贝壳、兽牙、羽毛、花卉、皮条、芦苇、豆粒、藤条等做成的头缠、项圈、手镯和穿在鼻子中间的小棍。在节日的时候，涂染身体并用血或者其他黏的东西把各种颜色的绒毛贴在身上。

● 思考与练习

（1）思考为什么世界可以划分出那么多的民族，产生众多世界民族的原因是什么？

（2）每个大洲的民族特点是什么？

（3）举例说明某个民族（中国民族除外）的服饰特征及其缘由。

项目二
了解民族服饰的配饰文化

人类很早就懂得以饰物来点缀自己的服装，在没有制成衣服之前，我们的先人就用兽骨、羽管、贝壳等来装扮自己，以求得一种自我表现的愉悦，并同时满足自身对原始宗教和图腾的崇拜。对于光泽怡人的饰物，各民族都表现出极大的兴趣。在中国 56 个民族中，几乎每一个民族都重视饰物，有的民族甚至把配饰看得比服装还重要。藏族、蒙古族、苗族、裕固族、哈尼族等民族妇女头上、身上的饰品，远远超过了一套衣衫的价值。有的民族由于分布地区的不同，妇女发式的差别竟然多达一百多种。最早的配饰完全是由于人类的喜爱而出现，是一种在对个人美的追求的基础上而产生实物载体。服装配饰的起源，是民族文化、艺术起源、社会进步的一部分。它的出现应早于服装的出现。当饰品与人类服饰相结合时，出现在我们眼中的就是服装配饰了。关于配饰的起源，通过一些考古文献，我们不难发现，很早以前的人类就有了佩戴饰品的习惯。从女性的石头手链，到印第安人头上的鲜艳羽毛。随着社会的不断发展，配饰从原来单纯的对美的追求，不断地被赋予更多的含义，如个人特殊地位的体现（古代部落头人的装饰、手杖）、个人荣誉的象征（运动员获奖的奖牌）、宗教信仰的象征（教堂里的十字架）、个人形象的体现（明星的个人物品）。从装饰物所表现出的外观形式及装饰形式上看，实际的需要或对

精神的信仰可能会导致某种装饰物的出现，而客观美感的存在及其对人们的感染力又导致了服装配饰的发展，使服装配饰的种类越来越丰富、越来越美观。

服装配饰的特性主要体现在以下三点。

（1）从属性与整体性。服装配饰与服装相比，处于次要的、从属的地位，但同时又具有时代的鲜明性和引导时尚的前瞻性。由于环境、时代、文化等方面的差异，人们对服饰的装扮的要求也有所不同，服装与饰物之间的隶属关系也各有不同，要根据具体的因素来考虑。在现代日常生活中，人们的着装准则依赖于当今的环境、文化、审美和潮流，人们对着装的要求体现在美观、舒适、卫生、时尚、个性和整体协调方面，以服装为主体，鞋帽、首饰等服装配件都要围绕服装的特点来搭配，从款式、色调、装饰上形成一个完整的服饰系列，与着装者形成完美的统一。

（2）社会性与民族性。服装配饰的发展体现出社会性与民族性。

一方面，不同时期的文化、科技、工艺水平、政治、宗教及其他方面对其产生了深刻的影响，这种影响必然反映出艺术性、审美性、工艺性、装饰性等方面的变化。另一方面，不同的民族风情、民族风俗、地域环境、气候条件等因素，使不同民族、不同地域的服装配饰具有各自不同的形式和内容。

（3）审美性与象征性。服装配饰的审美性往往是与象征性密切联系的。自从社会开始形成阶级分化，等级制度逐步形成后，等级差别也是必然要反映到服装配饰上的。如帝王冠冕堂皇，官职高低以冠梁的多少，色彩、饰物的不同来区分。平民百姓只能戴角巾等，人们从服装穿着中能认清一个人的身份和地位。与此同时，人们对服装的审美水平一样在日益提高，从当今服装配饰的发展状况就可以很清楚地看到这一点。

服装配饰的特点有以下四点。

（1）佩戴位置自由随意。

服装配饰在服装中的易塑性使其容易依附于人体，可用在人体的各个不同的位置，比如头、颈、肩、臂、腰、手、腕、腿、脚等部位，其样式、大小、疏密等都依据不同风格、不同格调的服装随意佩戴，不受限制，放在不同的位置都能使原本简单的款式顿时显得丰富而有魅力。

（2）运用手法灵活多变。

配饰的种类性提供了多样的变化手法，每种手法用在服装上都会塑造出不同的造型，更会产生完全不同的样式和风格。同样的配饰，同样的位置，如果运用手法不同，服装造型、结构和感觉也会相去甚远。

（3）性情潇洒活泼。

由于服装配饰的种类繁多且在服装中的应用手法非常多样，使得服装配饰在服装中给人以一种潇洒多变且活泼生动的感觉。

（4）面貌丰富多样。

我们在与事物进行交流的方式中，视觉是与触觉同等重要的一种感知方式。不同的服装配饰有它不一样的材质特征，所给人的那种美感是视觉与触觉相结合的反映，使人们真实的感受和丰富的想象慢慢延伸。强调肌理对比是当今服装界注重细节、克服单调的一大手段。配饰本身的质感就很丰富，再与其他丰富的面料、辅料等相结合，便可形成特殊的肌理对比，从而增强视觉效果。

具体地罗列每个民族饰物的特点未免显得烦琐。因此，下面主要通过民族服饰的头饰文化、首饰文化、包文化、鞋文化等方面对民族服饰的配饰进行阐述。

● **思考与练习**

（1）思考民族服饰的配饰特性，并举例说明。
（2）从某一民族的某款服饰配饰，说明服装配饰的特点。

| 任务一

头饰文化

一、头饰文化概述

当人类这种群居动物懂得用头饰之类的文化来巧妙地遮蔽或装饰自身的时候，头饰也就产生了。随之也就有了头饰的欣赏者和记录者。然而，古代先民头饰的缘起及形态，或许是由于记录者的疏忽，抑或是由于文字的失落，预窥其详，已弗可能。文字的失落并不等于历史的失落。后世的学究，在把玩头饰这一束文化之花的

时候，引经据典，他们展开丰富的联想，或言头饰源于装饰美的需要，或说源于遮羞的观念，或主张源自实用的目的，或强调护符避邪，吸引异性。我们认为，头饰的起源既有来自于御寒遮羞、装饰悦目的因素，也有来自模仿与混同、魇胜与传感的诱因，有着广泛的社会基础和思维基础。

民族头饰，有史以来就是一种名副其实的文化现象。在它情趣横生、奇妙、浪漫、神秘莫测的帷幕之后，隐藏着极其丰富的内涵，各民族的政治、宗教、历史、审美的文化传统无不包含其中。

首先，图腾和动物崇拜是头饰文化发端的始因。洪水神话中，有些民族认为某种动物曾救过自己的祖先，所以后代应敬仰和崇拜这一动物，这就是某种动物的整体或局部作为头部装饰的习俗产生的根源。白族姑娘头上用色布帕在脑后折叠成两个对称的触角，以象征蜜蜂的眼睛，传说蜜蜂曾救过白族的祖先，彝族姑娘婚前有戴鸡冠帕的习俗，象征平安、幸福，因为传说中雄鸡曾救过一对彝族男女青年。

其次，宗教信仰影响和诱发了头饰文化。如维吾尔族的朵帕（小花帽），撒拉族、东乡族、保安族的盖头或小白帽，信仰藏传佛教的藏族、蒙古族、土族等民族的僧帽等。

再次，情爱是头饰美产生的机制，在人类最初的蒙昧时代，男子比女子更重于修饰，海贝的项饰最早出现在男人的脖子上，男人为了达到求爱的目的，想尽办法美化自己，这种需要诱发了头饰美的产生。相传，苗族女子头上的银饰最早是男子戴的，民国初年，贵州镇宁苗族男子还戴牛角木梳，解放初期裕固族男子还戴大形耳环，毛南族的花竹帽更充分说明了这一点。

头饰的产生还有直接显示的目的，即实用目的，这主要与地理环境有关，如居住在高寒山区的蒙古族、藏族、鄂伦春族等民族冬天主要用皮、棉制品御寒，气候炎热地区的傣族、独龙族等用薄布、轻帽防暑。

最后，主体的审美需求是头饰发展的总趋势，云南怒族、哈尼族、傈僳族妇女常在头上加一些珠子、纽扣、有色线、金属、海贝等，纯属美的点缀。

头饰的形式及其传承性是约定俗成的，几乎成了每一个民族的内在规定，因而不同民族的不同心理、不同观念集中反映在头饰上，人们往往可以从不同的头饰特点，得知不同的民族、不同支系的不同的生活观、价值观及其生活习俗等。如布依族姑娘的"假壳"表示已经嫁人，有的头饰让人一眼识别出荣誉和功劳，如鄂伦春族联手的狗头帽是勇敢者的标志，高山族男子下颚的蓝纹表示为民族立功的杀敌英雄。

总之，头饰的起源并不是因为最初的审美而产生，而是包含着历史、宗教、人格等力量的原因，因而头饰文化不仅表现审美功能，更主要的是凝聚了各民族的精神、气质、情感，头饰文化的功能就有很高的统括性和包容性。头饰文化是人类文化的组成部分，人类是按美的规律来塑造自身的，当头饰不再成为异力量的物化形式时，它必然按美的规律向前发展，最终成为人们审美需求的一种重要形式。

二、帽子

夏奈尔女士曾经说过："帽子是人类文明开始的标志。"帽子的历史是漫长而多变的。几个世纪以来，它一直扮演着重要的角色。"冠冕堂皇"、"衣冠楚楚"、"弹冠相庆"——从这些成语可以看出帽子与人们的生活是密不可分的。

中华民族素有"礼仪之邦"的美誉，在服饰方面的考究也是显而易见的，冠帽作为服饰文化的一部分，有其绵长的历史，从阶级制度森严的古代社会，对款式、面料到颜色都有严格的制度限制，到如今的着装自由，人们个性消费品位、生活观念、健康保健及服饰理念的逐步提高，帽类产品作为生活必需品，其市场和消费需求日渐扩大和强劲。帽类产品作为一种劳动密集型产业，在我国显示了一种极强的生命力和发展潜力。

最初的帽子并不是为了保暖、防晒，主要是起装饰作用，为少数人所专用。帽子在古代被称为"冠"，一直是权力、荣誉和奖励的标志或象征。商周时期是我国冠服制度初步建立并逐步走向完善的时期，尤其是到了周代，在职官设置中，已经出现了"司服"一职，负责安排帝王贵族的穿着，管理服制的实施，并且冠服制度还被纳入了"礼治"的范畴，成为礼仪的重要内容和表现形式。到了汉代，"冠"就发展到了十几种之多，供不同身份的人在不同场合使用。"冕"则是皇帝专用，皇太子继承皇位时，才能"加冕"。冠帽作为一种服装配饰，它的出现是伴随着人类文明的出现而存在的，它是泛指头部服饰的总称，在古代时期，它被称为"首服"或者是"头衣"，又称为"元服"，它蕴含了丰富的内置意义，与现在"帽"的含义有一定的差别。"首服"的种类繁多，随着社会的发展和朝代的更替，不断地继承更新，但细分起来，有代表性的几类为冕、帻、幞头、巾、弁、冠。

冕，即古代帝王及诸侯进行加冠、祭祀时所穿着的华美的冕服，它包括冕冠和

礼服。冕冠由冕板、帽卷、玉藻十二旒、帽圈等几部分构成，冕板的形式是前面比后面低出一寸，形成前倾的样子，有帝王关怀百姓的象征意义。冕服根据身份的不同、祭祀的种类及场合的重要程度有大裘冕、衮冕（王之吉服）、鷩冕、毳（鸟兽的细毛）冕、绨（细葛布）冕、玄冕这六冕，冕冠也会随之在旒数和玉的颗数上做出相应的变化，体现出其严格的等级制度。

▶（明代）皇后凤冠（中国国家博物馆藏）

冠的含义丰富，与冕的性质十分相似，常连称为"冕冠"。冠有鲜明的等级制度限制，身份和场合不同，需佩戴不同的冠，所以冠中的"寸"表示所要求的法度。冠既可作为整个首服的统称，包括弁与冕及其他的诸冠，又可指"冠"的具体部分，如覆盖在头顶发髻上的小冠，冠的明目和形制随着社会的发展也日益繁杂丰富，有进贤冠、通天冠、獬豸冠、惠文冠、姑姑冠、高冠、委貌冠等，它具有的不仅是装饰及束发的功能，更多的是从中体现出的深厚文化韵味和复杂的社会礼仪习俗。

冠在古代被赋予广泛意义，逐渐在历史的进程中与现代的帽相互作用和结合。早期并没有帽的名词，"帽"字是从"冒"字演变而来的，直至东汉时期"帽"才开始出现在各类史书文献中，如《乐府诗集·陌上桑》中"少年见罗敷，脱帽著帩头"，其中"帩头"为男子束发的纱巾，从属于帽。毕沅的《释名疏证》中称，"帽"字为俗字，虽然"帽"常出现于文人笔下，此时的"帽"与"冠"有本质的区别，在汉朝以前帽更多地表达的是日常生活中普通百姓的便帽，而冠指的是具有庄重意味的冕冠，直到魏晋南北朝时期，帽开始被频繁地使用，并被记录到史书文献中，"帽"开始被大众认可。而"帽子"这一组合词是直到晚唐时期才出现的，此时

▶ （元代）姑姑冠

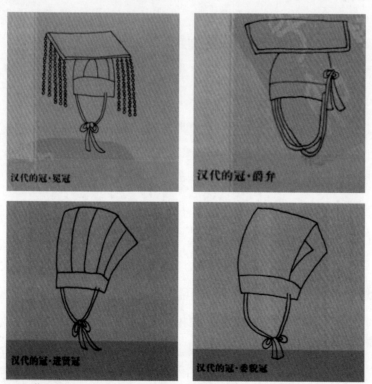

▶ 汉代的冠

图片来源：孔德明主编《中国服饰造型鉴赏图典》。

"帽子"并不是我们现在传统观念中的一个词组，"子"只是一个词缀，与"帽"形成了一个附加式的合成词语，此时"帽子"中的"帽"开始在口语中与"冠"并驾齐驱，直至取代"冠"这一称呼，形成现代汉语中"帽子"的用法格局。

在贵族和仕族们用"冠"的同时，庶民们只能用头巾，并根据当时的社会地位、经济能力，分别用丝、麻制成。但头巾终不如帽子方便，于是最后终于被帽子所代替。在我国，男性普遍戴帽子的时间应不早于明代。

帽子的品种繁多，按用途分，有风雪帽、雨帽、太阳帽、安全帽、防尘帽、睡帽、工作帽、旅游帽、礼帽等；按使用对象和式样分，有男帽、女帽、童帽、少数民族帽、情侣帽、牛仔帽、水手帽、军帽、警帽、职业帽等；按制作材料分，有皮帽、毡帽、毛呢帽、长毛绒帽、绒绒帽、草帽、竹斗笠等；按款式特点分，有贝蕾帽、鸭舌帽、钟形帽、三角尖帽、前进帽、青年帽、披巾帽、无边女帽、龙江帽、京式帽、山西帽、棉耳帽、八角帽、瓜皮帽、虎头帽等。

随着人类历史的发展，帽子所体现出的精神追求渐渐超过了其"用"的需要，主要体现在以下几个特点之中：

（1）帽子是社会等级身份的重要标志。中国自周代开始就确立了完备的冠服制度，从帝王到诸侯，从将军到士兵，从文武百官到社会诸流，冠帽都带有鲜明的等级印记，庶民百姓是没有资格戴官帽的，代之以巾、帻或草帽、斗笠等。

（2）帽子的典型形态反映出时代的文化特征。提起"冕"，人们都能想象出它的基本式样，它是古代帝王最高等级的首服，每个部位都具有特殊的象征意义，比如冕板，前圆后方，象征天圆地方的哲学理念，且后高前低，象征谦逊；"充耳"是系在冠圈上悬挂于两耳边的黄玉，象征君王不能轻信谗言。冕冠的形态一直流传到明代，所变化的仅仅是一些细节而已，反映出儒家以"礼"为核心的思想体制对封建社会的影响。

（3）帽子的风格反映人们的个性需求。即便在等级森严的时代，人们仍然会在夹缝中执着地追求自己的个性，《墨子·公孟》中曰："昔者齐桓公，高冠博带，金剑木盾，以治其国。"反映出君王的挥洒自如。苏轼词曰："羽扇纶巾，谈笑间，樯橹灰飞烟灭。""羽扇纶巾"所指无论是周瑜还是诸葛孔明，都是何等气势与淡定。浑脱帽是唐代"天宝"初期贵族女子所戴的一种胡帽，应该视为早期女性追求个性的典范。

（4）帽子的佩戴习俗具有民族性。帽子源于民族文化，依存于民族文化，反过来说帽子又是该民族文化的一种表现载体，通过该民族佩戴帽子的方式，可以使人更直观地了解一个民族的风俗习惯、历史演变、图腾崇拜、精神追求、礼仪禁忌以及审美心理等。我国的维吾尔族男性出门时，一年四季都头戴花帽，不管是参加葬礼还是喜庆活动，不戴花帽意味着对主人的不敬；撒尼彝族的阿诗玛通过帽子上的两个三角来示意自己是单身，单身男性去碰帽子上的三角，是示爱的意思；哈萨克族的未婚姑娘头上的帽子，高高地插上一簇五颜六色的猫头鹰的羽毛，因为猫头鹰是他们心目中吉祥降福的神鸟，象征着勇敢、坚定，一往无前。

中国是一个多民族国家，有56个少数民族。自古以来，中国就以"衣冠之国"而著称。中国少数民族的衣冠丰富多彩、源远流长。时至今日，中国的少数民族大多保留着本民族的传统服饰，而各式各样的帽子尤具特色。

中国少数民族分布的地域广阔，自然地理、气候条件差异很大，历史上沿袭下来的各民族生产、生活方式也大不相同，因而，不同民族的帽子显现出很明显的地域性差异。居住在东北严寒地区的鄂伦春族、鄂温克族、赫哲族等民族最有特点的冬帽是"狍头皮帽"，这种帽子用狍子头部皮制作，保留狍头上的眼睛、耳朵和角，既是猎人狩猎时的一种伪装，又很保暖。这种帽子起源于古老的狩猎生活。现在，狍头皮帽是这些民族最喜爱的童帽。赫哲族旧时以捕鱼为主要生计，妇女喜欢戴"鱼皮帽"，独具匠心。锡伯族的民间传统女帽"坤秋帽"，帽子面料用布或绸缎，里面衬上水獭、羊羔等皮料，御寒性能良好。居住在青藏高原的藏族有一种民间传统皮帽，藏语称"瓦夏"，用一张完整的狐狸皮缝合，配上缎料的帽顶，狐毛外露。珞巴族居住在喜马拉雅山脚下的原始森林地带，男子戴一种熊皮压制的帽子，珞巴语叫"冬波"。熊皮长毛呈放射状，看上去十分威武。戴上这种帽子，既可抵御严寒，又能在狩猎穿越荆棘时，起到保护头部的作用。中国少数民族牧区，流行各种式样的毡帽。毡子是牧区的特产，

▶ 鄂伦春族狍头皮帽

取材方便，有良好的防风御寒的功能。喇叭形红缨白毡帽，是西北地区裕固族传统帽子，男女均戴，女式毡帽前缘镶两道黑边，帽顶缀红线穗，色调鲜明，古朴大方。

▶ 狍头帽（呼伦贝尔民族博物馆藏）

中国南方气候炎热，潮湿多雨，用竹子制作的笠帽多种多样。提起分布在广西的毛南族，人们自然会想到那制作精美的"花竹帽"。花竹帽用当地盛产的金竹和黑竹编制，结实耐用，美观大方。花竹帽俗称"毛南帽"，又称"顶卡花"，毛南语的意思是"帽底下编花"。这种"顶卡花"是毛南族引以为荣的工艺品。居住在云南省新平彝族傣族自治县的"花腰傣"是傣族一个支系，姑娘的头饰雍容华贵，梳

▶ 毛南族花竹帽

▶ 新平花腰傣头饰

妆时先把秀丽的长发在脑后挽成髻，再裹上缀满银泡的包头布，然后在发髻顶端戴上玲珑秀气的竹编笠帽，帽檐偏斜的前沿正对着姑娘的前额眉心，潇洒浪漫，十分可爱。

传统帽子对于少数民族来说，是一种文化认同的象征物。特别是对于有共同的宗教信仰的民族来说，帽子具有的宗教文化性十分鲜明。西北地区的回族等民族普遍信仰伊斯兰教，流行一种圆形无檐小白帽，是穆斯林的一种标志，被称为"回回帽"，表示对宗教的虔诚和民族的团结。据说这种帽子是为了做礼拜时方便，所以又称作"礼拜帽"。有些地方的回族在白帽上绣有阿拉伯文字及表现宗教信仰的图案。

同样信仰伊斯兰教的新疆维吾尔族最流行的一种帽子叫"朵帕"，是一种四楞无檐小帽。这种帽子质地精美、颜色鲜艳、图案繁多。中年男子喜欢戴绣有"巴旦姆"纹的朵帕。巴旦姆是新疆山区出产的一种野果，通称"新疆扁桃"，其果实坚硬，被看作吉祥的瑞果。妇女多戴绣有十字花纹的"朵帕"。汉语中，"朵帕"被称为"维吾尔族花帽"，被看作维吾尔族的象征。

▶ 新疆维吾尔族"朵帕"

随着社会文化的不断变迁，各民族的传统服饰也在不断发展变化。女性服饰比起男性服饰，其传统性保留得更长久、更完整，这从当代中国少数民族的帽子也可以得到证明。今日少数民族女性的帽子，更具有民族的传统性。新疆维吾尔族姑娘的"玛尔江帽"、哈萨克族姑娘的"塔合亚帽"、塔吉克族的绣花"库勒塔"女帽、云南哈尼族妇女的尖顶"帕常帽"、怒族妇女饰有各色装饰物的"珠珠帽"、基诺族女子的"披肩帽"、广西瑶族女性刺绣"三角帽"等，都是本民族常见的传统帽子。

▶ 基诺族披肩帽

"扭达"是土族妇女早期的帽饰。因地域不同,样式有八九种之多。"扭达"用彩布制成,装饰以银、铜等长针,缀上云母片及彩色丝穗。戴"扭达"时,将头发梳披于两侧,发梢上折,绾在两鬓间,呈扇形。

▶ 扭达——土族妇女早期帽饰（青海省博物馆藏）

讲究帽子的装饰,是各民族女性的共同特点。她们用自己灵巧的双手把对美的向往和追求尽情地倾注在自己心爱的帽子上。用鸟羽饰帽,是许多民族的习尚。门巴族妇女戴一种叫"巴尔裕"的帽子,要在帽檐上插一支孔雀翎或雉鸡羽毛。哈萨克族女性的圆花帽上,要装饰一束猫头鹰的羽毛。把自己打扮得像五彩鸟一样美丽,让自己的生活像鸟儿一样自由,这是人们的共同心愿。出于对瑞鸟——凤凰的崇尚,白族女性有美丽的"凤凰帽"、畲族女性有华贵的"凤冠"。西南彝族、哈尼族以鸡为崇拜物,因而姑娘们都喜欢戴"鸡冠帽"。用珍珠等串成"流苏",再装饰在帽子上,是蒙古草原上妇女的一种爱好。平顶圆帽下缀着成串的珍珠,俨然是高贵的公主。中国少数民族的帽子中,最贵重的莫过于苗族姑娘的"银冠"。贵州黔东南地区的苗族姑娘,每逢节日或喜庆之时,都要身着盛装,头戴银冠。这种银冠,是在一个半球形的铁丝箍上扎满数百个四瓣圆形的银花,形成半球形冠,犹如古代宫妃嫔娥的花冠。冠顶中央插有一只银凤鸟,凤鸟两侧插上 2~4 只形状不同的小银鸟。这种银冠,

▶ 白族凤凰帽（云南民族博物馆藏）

又叫作"银凤冠"。凤冠的正面，悬挂着三块银牌。整个银冠，全部用银装饰起来，因而苗族有"戴银"之说。苗族的银冠，表现出一种华贵之美，寄托着苗族女性对幸福的憧憬。

　　帽子是各民族传统文化的象征，也是各民族风俗习惯的载体。差不多每一种帽子的背后，都有一个娓娓动听的传说和故事。畲族传说，是美丽的凤凰从遥远的地方给一位公主衔来五彩斑斓的凤凰装，因而世世代代流传着"凤凰帽"。哈尼族一个支系的姑娘都戴土布缝制的小帽，未成年时戴一顶，成年时要套戴两顶，遇到心爱的小伙子，便送上一顶小帽作为定情物。仫佬族中流传着姑娘编织"麦秆帽"的传说，在仫佬族中形成一种风习，如果姑娘不会编织"麦秆帽"，就不能出嫁，编织麦秆帽是衡量姑娘是否心灵手巧的标尺。中国少数民族中关于帽子的传说不胜枚举，帽子的传说故事表达的却是一个共同的主题，那就是对幸福、美好生活的渴望和追求。

　　彝族喜戴鸡冠帽，传说彝族祖先迁徙到一个青山绿水、土地肥沃的好地方，打算定居下来。不想这是"蜈蚣王"的地盘，它发动蜈蚣对人袭击，人拿它们没有办法。后来，有个赶马的大哥路过这里，教人们大量养鸡，啄食蜈蚣，他们照着办了，果然消灭了蜈蚣。人们感谢鸡所做的好事，也为了永远镇住蜈蚣山的蜈蚣，就仿照鸡的样子，缝制了鸡冠帽，让姑娘们戴上。这个关于头饰的传说，从一个侧面反映出西南少数民族所处的生态环境。

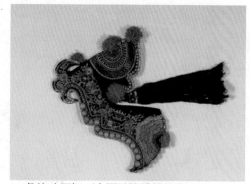

▶ 彝族鸡冠帽（中国民族博物馆藏）

三、头巾

　　我国的服装历史悠久，作为重要服饰配件的头巾，它的起源虽然没有被明确写进历史专著中，但在许多历史资料中都能发现有关它的点滴记载。这些资料告诉我们，头巾伴随着服饰的发展逐渐演变，它的象征性表达记录着各朝各代的政治、经济和文化。

　　据考证，头巾起源于商代，普及于周代。秦汉以前，庶民和卑贱执事者只能束巾而不能戴冠，因此在当时封建专制、等级分明的情况下，由于头巾多由庶民或低

贱的贫民束戴，地位也相对较低，这无疑给头巾打上了社会地位低下的烙印，展现出一种贫民装饰的表象。到西汉末年，头巾广泛被上层士大夫家居所用而逐渐普及开来。汉末文人与武士都以戴头巾为雅尚，上层人士的头巾多为黑色，所谓"头戴纶巾，手挥羽扇"便是当时文士的普遍装束。白色的头巾则是平民或官员免职后的标志，官府中的小吏和仆役们通常也戴白色头巾。从此以幅巾束首的风尚延续了下去。可见，这时的头巾有一部分由于受到士大夫的青睐，地位有所提升，成为一种上层人士的标志；而仍有一部分头巾仍然保持着原有的地位；还有一些则成了历史事件的标志流传下来。自北周武帝开始使用幅巾之制，并将巾改制加裁四角带，取名为幞头，又名折上巾，以后，幞头开始盛行。自后世唐代开始，至宋代，幞头已成为男子的主要首服，上至皇帝百官下至庶士平民，除祭祀和隆重朝典之外，一般都可以穿戴。此时的头巾已是大众追捧的对象、流行的服饰配件，更是当时一种潮流的象征，头巾的地位达到了史无前例的崇尚高度。改型后的头巾——幞头成为当时文武百官的规定服饰，而黎民百姓已不多用，于是文儒士人、竹林雅士又重新戴起古代幅巾，以裹巾为雅。从而使头巾又成为上层有识之士的象征，备受羡慕和崇拜。

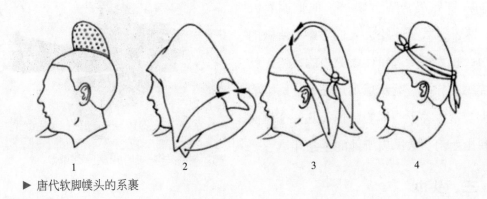

▶ 唐代软脚幞头的系裹

　　唐代末年，政治动乱，社会生活不安定，人们为了生活之便，想出各种简便的方法，这时幞头已经超出了巾帕的范围，它的形式和使用方式得到了发展和演变。宋代用巾已不再局限于束首，头巾也被使用为裹巾、披巾等方式，这也是由于头巾被广泛使用的结果。此时的头巾在各阶层人民智慧的创造中各显神通。于是，后代出现了发展演变后的头巾形式"霞披"、"云肩"等，这些重要的服饰配件所表达的含义也成为头巾象征性表达的发展与演变的重要过程。

　　头巾伴随着我国历史的发展，从地位低下的表征开始，成为士大夫的雅尚而慢慢被上层阶级接受，其间又成为重要历史事件的标志，被广大人民群众使用后，成为潮流的风向标。通过改制立法规范使用，使得对头巾的推崇达到了最高。在这一过程中，我们看到了一个生动的头巾的象征性表达的发展和演变。

　　头巾和头帕是我国少数民族广泛使用的头饰，其样式繁多、花色各异，构成了中国民族头饰的一大特色。头巾大多为正方形或长方形，少数为三角形，质料有绸子、棉布、毛织物或尼龙纱等。头帕是缠绕在头上的长形带状物，质料多为棉布，宽度在 10~45 厘米，长约 1~15 米不等，有黑色、蓝色、红色、白色布帕和绣花、织花帕，一些头帕的两端还缀有缨穗等。一般说来，北方和西北地区诸民族以使用头巾为主，南方诸民族多包裹头帕。

　　在北方民族中，蒙古族男女春夏季都喜欢用绸巾包头，妇女的绸巾颜色鲜艳，男子则偏爱红色、白色绸巾。鄂温克人的头巾色彩更加丰富，女子喜爱粉红色、橘黄色、浅黄色、红色、蓝色、绿色、白色等色，男子用白色、蓝色等色绸布。在草原上，长长的头巾飘在肩后，随风飞扬，更显出牧人的豪放。朝鲜族女子常用小方巾或三角巾包头，中老年妇女喜欢白色方巾，青年女子则喜欢彩色三角绸巾，她们将绸巾包在头上，脑后系一个结，留个小三角飘在头后，潇洒而漂亮。新疆的俄罗斯族妇女也系三角形花绸巾或纱巾，按习俗，她们在长辈或客人面前必须系头巾，以示对长辈和客人的尊重。

▶ 戴头巾的蒙古族妇女

　　信仰伊斯兰教的西北各民族妇女头戴极有特色的"盖头"和大头巾。戴"盖头"的有回族、东乡族、撒拉族、保安族和哈萨克族。所谓"盖头"，是用丝绸或棉布制作的长头巾，戴时从头罩下，披在肩后，遮住整个头部，只留脸部在外。"盖头"的长度一般达到背部或腰部，唯有哈萨克妇女的"盖头"垂至臀部以下。女子戴"盖头"通常是从成年时开始，此后终身佩戴，少女时期戴鲜艳的绿色"盖头"，婚后戴庄重的黑色"盖头"，老年则换成洁净的白色。至今，一些地区的伊斯兰教规仍要求妇女无论居家还是外出都必须佩戴"盖头"。显然，"盖头"是在伊斯

兰教义影响之下而产生的一种妇女头饰。戴大头巾的有塔吉克、维吾尔族、柯尔克孜族等民族。所谓大头巾，是指覆在花帽或其他小帽之上的宽大方巾，不过，一些维吾尔族妇女的大头巾是戴在小帽之下的。这种棉布或丝绸的头巾十分长大，从头顶披至臀下，将头部、肩部至腰臀部都遮盖住，仅露出面部，故又称披巾。维吾尔族年轻女子喜欢花绸大头巾，妇女多戴棕色或白色大头巾。柯尔克孜族和塔吉克族女子都戴白色大头巾，唯有新娘才披漂亮的红头巾，一年后仍戴白头巾。这些披大头巾的妇女在遇见生人时，要用头巾掩住脸部，只留眼睛在外。

包头帕的习俗主要盛行于我国西南少数民族之中，包法和样式十分引人注目。包头帕的民族有西南地区哈尼族、白族、佤族、傣族、傈僳族、拉祜族、布朗族、景颇族、德昂族、阿昌族、苗族、侗族、布依族、水族、彝族、羌族、仡佬族等民族以及中南地区的瑶族、土家族、壮族、黎族、高山族等民族。广义地说，南方各少数民族男子都有用布帕缠头的习惯。

凉山地区彝族男子的青色绸布头帕长达十余米，用其缠绕出硕大的包头或扎出各种布髻。布髻是彝族男子极有特色的头饰，髻式依不同年龄、不同身份而各不相同。例如，35岁以下的青年男子，布髻细如竹枝，斜立于额侧，长约30厘米，髻式英武潇洒。传说彝族英雄"扎夸"曾挽这样的布髻，故称作"英雄髻"。另一种称为"臣髻"的髻式是将布帕缠在头上，后端拧成绳状，盘于额前，呈海螺式，直指前方。一种称为"毕髻"的髻式，是用布帕缠绕出柱状，雄踞于额顶间向上突起，威风凛凛，是"毕摩"（巫师）的发髻式样。景颇族青年男子的白色布帕两端绣有彩纹并缀红色英雄花，包头时将帕头垂于耳侧。融水瑶族男子用青布帕在头上缠出高筒式包头，帕长5米。剑河苗族男子的头帕长达10余米，盘在头上好似大斗笠，其上饰银花、羽毛。

如果说少数民族男子包头还算是简单、形式也比较单一的话，那么，少数民族女子的包头式样则是非常丰富了。两河阿昌族女子婚后用黑布帕包头，很讲究样式和技巧，布帕层层往上缠绕，呈直筒形，高达30厘米，称为"箭包"，上端饰

▶ 花溪苗族女子头帕

缨穗由右侧垂下，年轻妇女还要饰鲜花。贵阳花溪苗族女子将数丈长的头巾细细折叠后缠绕在头上如同斗笠帽，称作"遮阳式"。这种包头的样式极为奇特。云南大头苗女子的包头由五块共长十米的头帕缠成一个直径将近1米的圆盘式包头，因此而得名"大头苗"。湖南宁远县瑶族妇女的包头是用各式头帕缠绕而成的，形似高昂的狗头，故称"狗头瑶"。云南育棉瑶女用长长的青布帕在头上交叉缠绕出两侧有角的大包头，用白色带子系住，额前缀一块花布，称为色，又有"角包"之称。

少数民族的头巾和头帕之所以引人注目，不仅仅是因为许多民族的男子和女子都缠着头巾或头帕，还因为头帕或者头巾缠出了千奇百态的包头式样，既有强烈的民族特色，又有很高的审美价值。

四、发式

在那蛮荒的时代，我们的先民大概不懂得怎么修剪、梳理自己的头发，他们只是任意地让青丝披散于头上，经历了一个相当漫长的"披发时代"。然而，当人们在漫长的采集、狩猎过程中，渐渐地发现蓬头垢面很不方便，于是乎，为了劳作之便，索性把披散的头发编结起来，束之于顶，这就形成了最初的"发髻"。发展到后来，人们又发现，编结起来的发髻不仅方便而且美观，为了满足不同时代的审美需求，人们又依照自然万物的形态，把发髻编挽成各种不同的式样。

中国为世界文明古国，束发冠带向来为中华文明的表征。在绵延数千年的历史长河中，中华大地上流行着各种不同的发型式样，如见于诸史料中就有"披发"、"索发"、"挽发"、"编发"、"辫发"、"结发"、"拖发"、"盘发"、"断发"、"削发"等，以及数以百计的发髻，真可谓琳琅满目、变化万千、难以穷尽。

在我国历史上流行的各种发型式样可以分为三类：

1. 披发发式

披发又名被发、散发、髦发、蓬头，是最为古老的一种发式。古之披发，有两种基本的式样：一是让所有的头发自然下垂，在前额或脑后用发箍围束一圈；二是为了使前额的头发不遮挡视线，把之剪短齐眉。这两种披发发式，在考古发掘的实物资料中多有反映，1973年，考古工作者在甘肃秦安大地湾发掘出土了一件人头形器口彩陶瓶，瓶口呈人头像，前额的头发修剪整齐排列，其余的头发由上而下自然垂落，呈披发状。进入成文史时代，生活在中原大地的华夏族，结发冠带，建立了

较为完整的冠服制度。而居住边地的"蛮夷戎狄"等少数民族群体，如西戎、羌、匈奴、突厥、室韦、越等民族，都不同程度地保留有披发发式。甚至到了近代，关于我国西南地区的独龙族、德昂族、怒族等民族的披发发式，仍屡见地方史志的记载。

2. 总发发式

总发是从蓬头散发到束发冠带为历史文明的一大表征。束发即是总发，也就是总其发而束缚之。从束缚的方式及发式造型细分，有为髻者，则称为结发；为辫者，则称为辫发；为索者，则称为索发。

（1）辫发。辫发又称为编发，即将发分成数缕，相互交错，隔股编成如草绳状的辫子，垂之于脑后或两侧的发式。战国以后到清初，中原汉族多是束发为髻，周边少数民族中，如肃慎、鲜卑、突厥、高昌、铁勒、契丹、女真等仍然有编辫的习俗。到了清代，满清统治者强力推行满族的"小顶辫发"发式，致使满汉男子留头顶发编辫垂于后，形成清朝特有的大辫子发式。

（2）索发。在古代文献中，多次提到历史上的鲜拓跋、室韦、乌洛侯等民族共同体有索发的习俗。司马光《资治通鉴》卷十七云："宋魏以降，南北分治，以北人辫发，谓之索头也。"对于索头，究竟是一种什么样的发式，综合各种文献记载来看，索发作为束发的一种，与辫发、编发类似，从整体上可归入辫发类。但从更加细微处着眼，束发与辫发相异之处是束而不能辫，即是用绳索、藤条等物体来缚扎头发，将辫稍梳让其拢向后方，自然披垂，或者把头发捆扎，扭成索状，盘于头顶，有似盘髻。当然，明白了这些，我们把索发看成是从披发到辫发之间的一种过渡形式也并不为过。

3. 剃发发式

剃发，又作薙发、削发、断发等，系以不同程度剪剃头发，加以梳理而成的一种发式。根据剃发的多少及部位来分，又可分为三种式样。一是剃四周发而留顶后作辫者，即是半剃式，顾名思义并不是把头发全部剃光，而是要么剃四周而留顶后发作辫，要么截全部发，留寸余长而形成一种发式，如乌桓、鲜卑、渤海、契丹、女真、蒙古等。二为剃去全部头发，如西夏的秃顶。三为截全部头发仅留寸余者，如越、龟兹、天竺、波斯、大食等。

千百年来，古代妇女在日常生活中创造的发髻，或以形神动式命名，或以花鸟虫鱼冠名，可谓名目繁多，花样迭起，构思出奇，寓意深刻，令人感叹不已。对于各种不同式样的发髻，我们难以寻其名而一一做解释，这里仅简单地根据发髻的长圆锐钝，从外形上分为高髻式、垂髻式、平髻式三种主要的类型而加以介绍。

（1）高髻式。顾名思义，就是指发髻高耸入云，所有高耸于头上的发髻式样均可归属此类。这种发髻常用假发加以编结，或在发髻中间衬垫许多饰物，以形态上的高位优势来凸显人体比例美，再加上金银珠宝饰件，则更具韵味。

高髻作为一种富于变化的发髻式样，早在春秋时期就有人以假发梳起高髻以求美的故事。大约在西汉末年，高髻逐渐在上层贵族妇女中流传开来，当时京城长安的童谣唱道："城中好高髻，四方高一尺。"这个童谣虽然有点夸张，但也反映了当时妇女追求高髻的愿望。秦汉而后的魏晋南北朝时期，受到名士阶层放浪不羁习气的影响，当时妇女的发髻灵动、散漫而又夸张，用假发制成各种假髻盛行一时。除了用假发编梳高髻外，髻上的首饰、垫物也是名目繁多，以至于有些髻高耸如危楼、似飞鸟、有倾倒之势，几乎无法竖立，余下的头发披于额上，仅能露出双眼，两髻垂下的头发将双耳遮住，并与脑后发相连下垂至肩。这一时期，典型的灵蛇髻、飞天髻、螺髻、大手髻、十字髻、惊鹤髻（惊鹄髻）均属于高髻类发髻。

如果说汉魏时期的高髻，主要是贵族妇女和富商巨贾阶层的女子盘梳的一种髻式，那么开放的大唐社会，无论是达官贵妇还是坊间女子，尤其是娼家妇女，往往超越等级的限制，不顾官府的禁令，多梳高髻。唐代高髻的式样很多，有的薄而高，有的一侧高一侧低，有的形似飞鸟，典型的有半翻髻、飞髻、凤髻、乌蛮髻、

▶（唐代）永泰公主墓壁画　惊鹄髻

▶（唐代）乌蛮髻

回鹘髻、宝髻等。高髻的风行，使得假发的使用更为普遍。唐人除了采用毛发编制成假发外，还使用木质、纸质等各种材料制作假发髻，时称"义髻"。

（2）垂髻式。所谓垂髻式，一般是将头发分成两部分，或偏束一方，然后将编盘成各种不同形状的头发，再用丝绳缚住，垂于头的两侧或偏重一侧的发髻形式。这种发髻多用原发编挽，很少采用假发。

梳垂髻式的发髻，在各朝代妇女的装束中是一个普遍的现象。汉代以后，虽然高髻之风盛行，但在各个时期都能够看到一些垂髻式的发髻。颇具代表性的有堕马髻、低垂椎髻、双垂髻等。

堕马髻，是一种稍带倾斜的髻式，歪在头的一侧，似堕非堕，像人将要从马上堕落之势。堕马髻作为历史上最富生命力的一种发式，自汉代至明代一直流行，唯有名称和形式略有不同而已。如唐代天宝元年间流行的倭堕髻，状似蔷薇花低垂欲拂之态，与汉代的堕马髻相差无几。据说，唐代的妇女好骑马，而"堕马"是不吉利的字眼，所以改为倭堕髻。同样，相传明代吴三桂的爱妾陈圆圆就喜欢梳低垂的堕马髻。

▶（唐代）堕马髻

▶（明代）堕马髻

低垂椎髻，自商周起一直流行到秦汉，男女常将头发挽在一起，用丝绳束缚，实心盘叠，犹如古代洗衣服所用的木椎，史称"椎髻"。椎髻的式样持重、温文尔雅，梳髻的位置可前可后，可高可低。高者如秦代士兵的椎髻，为高髻类髻式；低者在背后松松地挽成一团，好似一把锤子，从后面看去又似一个倒的三角形。这种发髻流行于士庶妇女当中，后来历代相沿，不过随着社会风俗和人们审美要求的变化而略有改变。如汉代妇女的椎髻式拖在背后，宋明时期则是梳在颈后或脑后了，且多为老年妇女爱梳的一种髻式。

▶（汉代）椎髻

双垂髻，是一种将发均匀分为两部分，在头的两侧各盘卷一髻垂下的髻式。有鬟而下垂者，称为双垂鬟；无鬟而下垂者，叫双髻。双垂髻多为侍女、奴婢、艺妓、童仆及未婚青年女子梳绾，最早流行于战国时期，后各朝各代，款式略有变化。

▶（唐代）双垂髻

（3）平髻式。所谓平髻式，是指介于高髻式和垂髻式之间的一种辫发和髻发混合而成的髻式。这种髻式，既不像垂髻式那样垂于头的两侧或者偏垂一侧，也不像高髻式那样高耸于头顶之上，而是多受局限，变化不大。历史上除了盘桓髻、丸髻、平髻等几种外，并不是很流行。

盘桓髻，是魏晋时期颇为流行的一种发髻。它是将头发在头顶盘叠堆积而成，有人说其脱胎于灵蛇髻，但梳法比灵蛇髻简便，富于变化。晋人崔豹在《古今注》中说："长安妇人好为盘桓髻，到于今其法不绝。"后来，隋唐乃至宋都能够看到类似的发髻。

平髻，是一种介于高髻与垂髻之间的比较扁平的髻式。清代平髻的梳法是将发盘成平二股，直叠三股在髻心之上，下股压发簪，其上再加金银针贯插；后来又改为将发平盘为三股，抛于髻心之外，俗称"平头"。这种发髻最早在苏州流行，老少皆宜，后来传到北方，成为南北通行的一种发式。清代满族贵族妇女婚后梳的

"两把头"、"叉子头"、"如意头"等发髻，也属于盘绕而成的平髻。梳法是将头发分成上下两部分，一部分下垂于脑后，梳成燕尾式发髻，俗称"燕人头"；另一部分挽于头顶，拧成绳股，盘绕成一个覆盖在头顶的扁长方形发髻，再于发髻间插饰一个叫"大扁方"的发簪，既作装饰又可固发。

▶ （清代）两把头

五、妆容

美，是一个古老又令人向往的字眼。爱美、追求美是人类的天性，美容、化妆能使人的这种爱美、思美之心得到充分满足。当我们的祖先穴居野处，无意间把红土和带有颜色的矿粉抹在脸上时；当我们的祖先在林中休息，一片树叶飞落脸上留下印迹时；当我们的祖先为了庆祝狩猎的成功而把动物的血涂抹在脸上时，这些有意或者无意的举动，或许就诱发了最初的美学意义上的化妆。

美容、化妆，在我国源远流长。考古学家发现，在"化妆"这个专有名词出现之前，山顶洞人时代的人们就从广博的自然界中获取了生活的源泉，他们要么把猪、狐狸、鹿等动物的牙齿串起来，装饰肢体的各个部位，要么从脚下的泥土中选取红土、赤铁矿粉来妆饰颜面。随着历史的演进，在有文字记载的中华文明史中，汗牛充栋的地方野史志书、诗词歌赋，为我们展示了许多鲜活的古代妇女的形象。如最早吟咏美容化妆的诗句——《诗经·硕人》云："手如柔荑，肤如凝脂，领如蝤蛴，齿如瓠犀，臻首蛾眉，巧笑倩兮，美目盼兮。"这里，诗人用细腻的笔触，描绘了经过精心打扮的卫庄公夫人姜氏，初嫁到卫国那天给人留下的深刻印象。她那柔嫩的手、细润的皮肤、白皙的脖子、整齐的牙齿、清秀的眉目，以及那巧笑和流盼的目光，栩栩如生，呼之欲出，给人极美的感觉。

历代妇女用于妆饰自己颜面的颜料和化妆的方法，可谓五彩缤纷，变幻无穷。

1. 红妆，永不褪色的记忆

在中国上下五千年的历史文明中，红色是传统的颜色，是尊贵的颜色，是吉祥喜庆的颜色，同时也是妇女化妆生活中最主要的颜色。千百年来，文人骚客描写佳丽多在"红"字上打转，试看："红粉春妆宝镜催"、"妾处苔生红粉楼"、"故烧银烛照红妆"、"冲冠一怒为红颜"、"红粉无心浪子村"等，这都是大家耳熟能详的词句。

古人化妆施红，起源甚早。早在石器时代，人们就已经懂得用赤铁矿粉之类的东西来涂抹面部。到了商周之时，红色的颜料已经发展为浅绛、浅赤、浅红、深红、青赤等多种色彩，颜料的取材范围包括矿物和植物两大类。在矿物中，除赤铁矿外，还有朱砂等；植物则有红蓝草、紫草、山花、石榴、玫瑰等。

朱砂又名丹，其主要成分是硫化汞，颜色为红色或褐色，质地较松，可研磨成粉，是我国最早被引入日常生活的矿物质之一，其用途除了入药、炼丹、作画之外，就是化妆品了。1926 年，在河南安阳殷墟妇好墓葬出土的贵妇生活用具中，有一套专门用于研磨朱砂的石臼和杵，本为白色的大理石石臼，内壁黏附有朱砂，色彩呈朱红色，并且亮如镜面，据专家推测，应为当年研磨朱砂所致。《诗经》中有"赫如渥赭"之语，也表明当时的人们已经用朱砂来饰唇了。

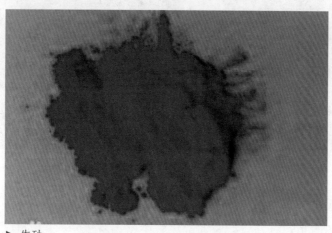
▶ 朱砂

到了秦汉时期，相传始皇帝好炼丹之术，秦宫中由于炼丹的需要而大量运进和使用朱砂，宫女们常用朱砂研磨后的红色颜料点唇饰颊，或者将颜料拌入动物的油

脂，制作成各式各样的朱砂膏用以妆饰。朱砂膏的具体制作方法，通常是把朱砂膏用的油脂原料——牛脂、牛髓以及丁香、藿香酒、青油等混合煎煮，加入研磨均匀的朱砂末，凝而为红脂即可饰容。在江苏扬州、湖南长沙的西汉墓中还出土了朱砂膏的实物。这些埋藏在地下 2000 多年的朱砂膏色泽鲜艳，完好地保存在漆匣中。由出土的实物我们可以想象，先秦至秦汉时期，朱砂是妇女饰容的主要原料之一。

不过，红妆真正的普及是在汉代以后，其原因是神奇的红蓝花引入内地。汉代以前，红蓝花群生长在我国西北少数民族聚居地——焉支山，张骞通西域的时候，经过陇西焉支山而将其植物带回，在中原种植，因其花红而叶子似蓝色，故中原人称其为"红蓝"。红蓝花的花瓣中有红、黄两种色素，花开之时摘之，经杵捣，淘去黄汁之后，即成鲜艳的红色染料，为了便于储存和使用，一般多用丝帛浸染后晒干，使用时只要蘸少量的水即可涂染。和朱砂膏相比，红蓝花汁色鲜，质地均匀细致，不似朱砂总带着粉粒，而且红蓝花染之不易褪色，深浅浓淡均可自由调和，敷面抹唇均可，使用极为方便，故其一经引入，很快就取代了朱砂，成为妇女化妆史上一项革命性的变革。

▶ 红蓝花

自汉以后，使用红蓝花之类的植物制作各种红妆颜料，一直是古代妇女化妆的一个主旋律，如南北朝时期在妇女面部化妆中就出现了一种颇为有趣的"斜红妆"。关于此种妆饰，流传着一个有趣的故事。相传三国时，魏文帝曹丕有一个侍妾叫薛夜来，文帝对她十分宠爱。一天夜里，文帝正在灯下读书，用水晶屏风相隔，薛夜来悄悄来寻文帝，不知什么原因，灯下没有见到屏风，不慎一头撞到屏风上，顿时鲜血直流，伤处如朝霞将散，并由此留下两道伤痕。可也奇怪，文帝对她似乎愈加怜爱。宫中的女孩子们好生羡慕，也模仿起薛夜来的模样，纷纷用胭脂在脸上画出血痕状，名"晓霞妆"，久而久之，便演变成一种特殊的妆饰，美其名曰"斜红"，这种妆饰，一般多绘在面颊近眼的双侧，状如弦月，长度约由鬓至颊，有的为单弧状，有的为双弧状或多弧状，更有甚者，为了渲染残破的感觉，还特在其下部用胭脂染成血迹模样。这种斜红妆，发展到唐代已经成为当时妇女比较时髦的一种妆饰。"莫画长眉画短眉，斜红竖立莫伤垂"、"一抹浓红伤脸斜，妆成不语独攀花"，咏的就是这种妆饰。

由红蓝花等植物制作的妇女化妆品——胭脂，在唐代已然定型。当时的妇女们，除用胭脂涂抹脸颊外，还发明了"血晕妆"、"檀晕妆"、"桃花妆"、"醉妆"等不少特别的妆式。如其中的桃花妆，就是用红粉涂脸颊，使之艳如桃花。血晕妆是将眉毛拔去之后，用一种紫红色的胭脂，在眼睛的上下晕染出三四道横纹来。醉妆，是先在脸上敷上白粉，再用胭脂涂红，满脸泛着红晕，如同微醉一般。檀晕妆用浅红色胭脂画在眉毛和眼睛之间，以增加眼睛之神采。

▶ （唐代）桃花妆

总而言之，红妆到了唐代，被少受羁绊的大唐妇女玩出了数种花样，尤其是当时的上层贵妇们，可以说胭脂是她们须臾不可离的化妆品。宋代以后，妇女红妆无复唐人的风采，但红妆之风绵绵相沿，直至清代。所以在中国传统文化中，红色如同一个迷人的幽灵，渗透到社会生活的方方面面。

2. 白妆，素妆匀抹出春月

要谈古代的"白妆"，先得从妆粉谈起。古代的妆粉，在材料上大致可以分为两个大的类别。一种是以米粒研碎后加入香料而成，故"粉"从"米"，从"分"。另一种是以土、水银和铅制作而成的，统称"铅粉"。

古人为了皮肤的白净，将大粒的米粒研磨成极细的妆面之粉，有一个相当复杂的过程。据北魏贾思勰《齐民要术》记载，将优质的小米研碎放入水槽中，淘洗至水清后，将细末米盛入大瓮，放水浸泡令其发软，至开瓮后，隐约可闻到酸臭味为止，再取出淘清，将细末米研磨成粉，粉中加水，搅拌均匀，再将这白色的米粉浓汁装入绢袋，让过滤出来的米汁沉积于瓮中，取其沉积之粉，第三次研磨，加水搅拌，封存于瓮中。待水清而有粉层堆积于木盆中搅拌均匀，让其自动沉积成形。待粉层干燥后，用刀将粉削成各种形状。这样，雪白而光润的妆粉就制作而成了。用米粉制作而成的"粉英"，作为一种最基本的化妆粉被女性广泛使用。同时，人们还在其中加入各种成分，如加入红色颜料的则成红粉，加入香料的则成香粉。

妆粉所用的第二类材料，有土、水银与铅。土，是一种质地细匀而松的白土，稍经处理，即可涂面。水银粉，相传是战国时仙化男人萧史为秦穆公的爱女弄玉创造的，晋代崔豹《古今注》说："萧史与秦穆公炼飞雪丹，第一转与弄玉涂之，今水银腻粉是也。"可见，至少在晋代，以水银腻粉妆面已较为普遍。而以铅作粉，则更早。有人说始于夏、商、周三代，如晋张华《博物志》云："纣烧铅作粉，谓之胡粉，即铅粉也。"有人认为，铅粉敷面起源于炼丹之风甚热的汉魏。也有人认为，铅粉的出现迟于米粉，但古人对铅粉的认识并非炼丹一途，它的出现应该早于汉魏。

除了米粉、铅粉外，古代妇女的妆粉也有用其他物质制作的。如在宋代，有以益母草、石膏粉制成的"玉女桃花粉"。在清代，有用滑石粉及其他细软矿石研磨而成的"石粉"等。粉的颜色也从原来的白色增至多种颜色，并掺入各种名贵香料，使之更具迷人魅力。清代，妇女白妆之妆粉，无论是粉质还是制作，已有相当高的水准。如慈禧太后的妆粉，据说就是精挑细选新白米和一种颜色已经微微发紫的陈米，经多次研磨提纯，严格按照比例掺和后，再加入少量的铅粉和名贵香料，用专门的贡水制作而成的。由于这种妆粉柔滑而易吸附在皮肤表面，所以慈禧太后垂暮之年仍玉颜细润，让人惊叹不已。

皮肤的颜色尤其是面部皮肤的颜色，是古代对妇女美丑评价的重要因素之一。

在我国古代的审美标准中，要求美人肤如凝脂，肌如白雪，历来以白净、红润的肤色为美，因而对皮肤的妆容也就体现为"涂脂抹粉"。

▶（唐寅）饰白妆的四美图

▶ 古代美人妆容

3. 花钿妆，巧手贴出一副副多彩的容颜

妇女的化妆之法，除了敷粉涂脂之外，贴花钿也是最为常用的一种方法。所谓贴花钿，又称贴花子、贴花黄、寿阳妆、梅花妆，指的是用极薄的金属片，各色彩纸、云母片、虫翅、丝绸等制成日月星辰、花鸟鱼虫、瓜果蔬菜等各种小巧精致的图案，用一种叫作"呵胶"的胶水贴于额头、眉心、两颊、两鬓等地方而形成的一种独具匠心的妆容。

▶花钿妆

据《中华古今注》追溯，女子在脸上贴花钿，肇始于秦代。说的是秦始皇嬴政

想要长生不老，传万世之基业，为了向上苍倾诉自己的心愿，实现天人合一，常令宫女梳仙髻，贴五色花子，祈求神仙显灵。东晋时，织女死，时人又在脸上贴草油花子，为织女戴孝。到后周时，皇帝又下诏宫人贴五色花子，作醉妆以侍宴。

历史推进到了南北朝时期，脸上贴花子已成为一种时尚。于此，还有一段有趣的故事。相传，在正月初七的一天，南朝宋武帝刘裕的女儿寿阳公主，仰卧于含章殿檐下，殿前种植着一片梅花，微风袭来，腊梅花片片飞落，恰有一朵梅花落在公主额上，额上被染成花瓣状。梅花渍染，留下斑斑花痕，使她更加娇柔妩媚。有此奇遇之后，公主经常将黄色的蜡梅花瓣贴在前额，以助美容，这种打扮人们称为"梅花妆"或"黄额妆"。梅花妆流传到民间后，很多女子竞相仿效，遂成南北朝一种独特的妆容。"主家能教舞，城中巧画妆。低鬟向绮席，举袖拂花黄。"当时文学家徐陵的这首诗，生动而又形象地描写了梅花妆的美丽姿容。

与寿阳公主的传说故事不同的是，唐人段成式在其《酉阳杂俎》中则认为，当时的妇人面饰用花子，并非传承于前代，而是由上官婉儿所创，目的是为了掩饰脸上的疤痕。这种说法透露给我们另外一个信息，就是在那无美容外科手术的古代，人们一旦脸上有了麻点、雀斑或因伤留下了疤痕，大概也只有听之任之，无彻底根除之法，所以，在生活实践中，灵机一动以饰物掩之，许是唯一的可"化腐朽为神奇"的方法。

在才子如云的大唐时代，上官婉儿先是受其祖父株连，被配入宫，后因盖世的才华深得武则天的赏识，在唐中宗时候受封昭仪，掌文学、音乐，代朝廷品评天下诗词歌赋，当时诸多大诗人的御制诗，多由她评点后排序。她出入宫廷后，自然会想到用前朝已有的贴花钿的方法来掩饰眉间因受刑而留下的疤痕。相传，聪明的上官婉儿用翠鸟、翠羽做成朱凤、梅花、楼台等小巧精致的图案，饰于眉间，时人称为"眉间俏"。由于她的倡导，面花自然风行极快。不过，唐人饰花钿重在妆饰。唐代，花钿甚为流行。我们从张萱传世名画《捣练图》和敦煌画中供养人的形象，都可以看到妇女额上贴有四瓣或五瓣的梅花形图案。王建《题花子赠渭州陈判官》："腻如云母轻如粉，艳胜香黄薄胜蝉，点绿斜篙新叶嫩，天红石竹晚花鲜。鸳鸯比翼人初贴，蛱蝶重飞样未传，况复萧郎有情思，可怜春日镜台前。"真是写尽了花钿的美丽。

唐代之后，饰花钿之风一直盛行不衰。宋代，妇女常用极薄的金属片和彩纸剪成各种小花朵，或者做成小鸟、小鸭的形状，用一种产于辽东地区名叫"呵胶"的胶水，贴在额上和两颊之间作为装饰。清代乃至如今的一些青年女子和幼童，在额上或眉心点一红点，则应该算作是花钿的流风遗韵了。

4. 文面，镌刻在面部的文化符号

文面，作为一种古老的文化现象，它是通过一定的方法，借助一定的工具和颜料，在人的面部皮肤上刺出永久性图案和花纹的一种装饰方法，也可以说是特定部位的文身和一种永久性的绘面。文面起源甚早，考古发掘表明，早在新石器时代，云南元谋盆地就发现了可能作为文面工具的雕刻器。甘肃、青海等地出土的新石器时代的彩陶器上，人的面部明显地刻有类似山猫或者虎豹之类的兽皮花纹，人头彩陶瓶的瓶身上也有鸟纹，这都可能是当时文面习俗的反映。而关于文面的记载，更可谓是不绝于史，甚至有的地方志还以"文面濮"、"绣面蛮"为称谓，直接对这些民族的生产与生活进行描述。至今，我国部分少数民族，如高山族、独龙族、怒族、傣族、黎族等还残留有一些文面的习俗。

由于时代背景、历史文化传统、居住环境的不同，各民族对文面的目的和动机也有着不同的解释。也就是说，文面习俗的产生，因时因地因民族不同，情况也相当复杂。有人把文面当作氏族图腾的一种标志，即"图腾说"；也有人把文面看成是可以参加成年社交活动和婚配的开始，即"成年说"；有人把文面当作一门艺术，一种美的象征，强调其装饰性；有人则把文面当作勇敢、避邪、区分敌我、社会地位、婚否、尊卑以及保持贞操等多种行为的标志。文面作为一种镌刻在面部的文化符号，它的起源固然与原始崇拜、图腾崇拜有关，但它同时又作为添加在人体上的一种身体装饰，同穿戴、悬挂等身体装饰和绘画雕刻等物体装饰一样，都是在空间上表现出来的一种静止状态的艺术形式，故此，文面艺术一个最为直接的表现就是美的标志。

● **思考与练习**

（1）思考头饰文化在民族服饰配饰中的重要性。

（2）思考帽子对于少数民族的意义。

（3）对某一民族的帽子进行整理分析，并以此为元素设计一款帽子。

（4）思考中国历史上各种发式产生的缘由，阐述当时人们的审美心理。

（5）对历史上或各民族的某一妆容进行个案分析。

首饰文化

一、首饰文化概述

首饰，顾名思义，就是装饰人首的饰物。后来演变成为供装饰人身的饰品的总称。首饰从古到今一直都受到人们的青睐，这其中定有首饰及其文化的与众不同之处。首饰的发展变化，是伴随着社会形态的改变而变动的，同时又潜移默化地受各时期各地域以及各民族人民的生存方式、生活形态、民俗风情、心理特征、审美情趣、宗教信仰等的影响。所以，要了解社会文明的发展，应从宏观上把握首饰发展的主脉，也要涉及与首饰息息相关的非理论形态，才能对首饰的发展有全面的认识。

首饰文化是服饰文化的一个组成部分。服，是服装；饰，是服的附加物或替代物。首饰，在古代本通指男女头上的饰物。《后汉书·舆服志下》中有记载："后世圣人……见鸟兽有冠角胡之制，遂作冠冕缨蕤，以为首饰。"又"秦雄诸侯，乃加其武将首饰为绛，以表贵贱。"曹植《洛神赋》："戴金翠之首饰。"后专指女人饰物，并包括手镯、戒指之类。现在首饰为人们佩戴饰物的总称。

中国的 55 个少数民族，在历史发展的过程中都孕育了自己光辉灿烂的首饰文化。这是一份斑斓而厚重的历史馈赠，内涵深沉广大，历史源远流长，以无声的语言，传播着古老而新鲜的文化信息。每个民族的首饰造型、质地都与本民族的历史、宗教、审美息息相关。它是佩戴在身上的一部文化史书。

中华民族首饰的历史，至少可以追溯到北京周口店"山顶洞人"的一枚骨针和一些穿孔的兽牙、兽骨、海蚶壳，以及染色穿孔石珠等装饰品上。据《逸周后·王会解》的论述，公元前 16 世纪，南方地区的少数民族，就已向商朝贡献一些首饰和奇珍了："伊尹受（商汤）命，于是为四方令曰：……正南百濮九菌，请令以珠玑、玳瑁、象齿、文犀、翠羽、菌鹤、短狗为献。"四川巫山大溪遗址，出土物中有耳坠、珩、璜饰物等。云南楚雄万家坝东周墓群中也出土了青铜器，包括铜镯、玉环、玛瑙珠等首饰。

少数民族首饰是"佩戴在身上的历史",是古老文化的"活化石"。我们从中可以窥见远古历史的信息,想象神话传说的光彩。如苗族头饰"高孚",苗人称为"蚩尤帽",形状像王冠,也是苗城的标志。现在苗族民间还保留着这样的风俗,大女儿婚后生下第一个娃娃,才能回娘家郑重地戴一次"高孚",然后传给二女儿。"高孚"里隐藏着古老的传说:苗族的首领蚩尤在黄河流域建立京城,遭其他部落攻打,苗族因酒醉战败,苗王被重重包围。王后为了让苗王逃脱,就戴着苗王的王冠,吸引追兵的注意,苗王才脱了身。从那以后,那王冠便让妇女戴了,以纪念为保护苗王而献身的王后。逃出来的苗人开始大迁徙,从黄河流域退到长江流域,又退到西南的湘黔等地。舍不得却又夺不回的苗族京城带不走,就绣到妇女的衣服上,前襟代表城门,护肩是苗寨,背后那块方帕,是全城的鸟瞰图。苗语说:"阿苗莱老",意思是"苗族穿全城",反映的是苗家把自己的老家全背在身上,记在心头。

首饰是男女青年传递爱情的信物,如傣族姑娘的银腰带,是她们最宝贵的首饰,可以传情达意。裕固族姑娘在恋爱、结婚前,要通过"帐房戴头"仪式。所谓"帐房戴头",就是由年长妇女在帐房里将一副头面系在姑娘的头发上。头面用珊湖、玛瑙、海贝等首饰制成,宽约5寸,长约3尺,裕固语叫"萨达格尔"。举行过戴头面仪式的姑娘才算成年。黔东南等苗族聚居地区,苗族青年小伙有相约到外寨他乡找姑娘对歌谈情、求偶择配的风俗,旧称"摇马郎",又译为"游方"。在"游方"过程中,双方感情成熟了,才互换爱情信物,私定终身。信物一般为银手镯、银项圈、围腰、衣服等。

少数民族首饰,想象力丰富,如天马行空;创意独特,出人意料;色彩鲜艳,璀璨夺目;造型夸张,妙趣横生;构图严谨,纹样生动;粗犷醒目,装饰性强。图案有人物、动物、鸟兽、花卉、几何图案、龙、凤和吉祥如意图案等。大部分是本民族世代相传的手工艺的制作,工艺水平精湛。

苗族的银饰已形成一套完整的装饰系统,它不仅是苗族人审美情趣的独特表现形式,而且是富贵的象征。因此,用银饰来装扮自身,成为苗族人的一种普遍心理追求。除银帽之外,银饰的主要种类还有:银牌、银压领、银花圈、银扁圈、手镯、指环、银花、银蝶、银披肩、银钮等。银牌多为凸形造型,上饰有各种几何花

纹以及狮子、麒麟、宝塔等花样；手镯有绞丝、小米、空心、花瓣等20余种。花纹上的银饰平时与花衣分开，到节日才连缀为银衣。节日期间，姑娘们穿起盛装，在闹市炫耀，苗家称为"亮彩"。

二、发饰

发饰就是用以固定和装饰头发的物品，是民族服饰的头饰中最常见的一种。主要分为：簪、笄、钗、华胜、步摇、擿、钿、假髻、梳、篦、搔头、头花、发卡等。

簪：簪的整体是条形，一端尖，一端为环，环端垂珠花的，称结子，结有各种花式，富有装饰作用。小巧的钗，称掠子，工艺择尤为考究。

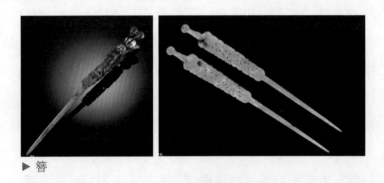

▶ 簪

华胜：《后汉书·舆服志》曰："太后之庙，为华胜，上为凤凰爵，以翡翠为毛羽，下有白珠，垂黄金镊，左右一横簪之。"从这些文献可以推知，华胜是一种比较复杂的用于头发的装饰物，可以使女性显得更美，即胜其原貌。华胜有时也作"胜"，或作"花胜"。

▶ 华胜

步摇：顾名思义，就是走路时随着步伐节奏而前后摇动的一种发上装饰物。早在商周时期，步摇就很流行，在唐代达到顶峰。步摇簪首上垂有旒苏或坠子，因制作工艺精细、材料贵重，多见于高贵女子妆奁，普通女子少用。其制作多以黄金屈曲成龙凤等形，其上缀以珠玉。六朝而下，花式愈繁，或伏成鸟兽花枝等，晶莹辉耀，与钗细相混杂，簪于发上。

▶ （汉代）插步摇的仕女图

花钿：用金、银、玉、贝等做成的花朵状装饰品。明宋应星《天工开物·玉》："凡玉器琢余碎，取入钿花用。"钟广言注："钿花：用贵重物品做成花朵状的装饰品，如金钿、螺钿、宝钿、翠钿、玉钿等。"与簪钗不同的是，簪钗是用来绾住头发，而钿是直接插入绾好的发髻中起装饰作用的。

▶ 花钿

钗：《释名》曰："钗，枝形，因名之也。"钗是一种带有两股的簪，钗的头部可以做成复杂的形态。钗，为由两股簪子交叉组合成的一种首饰，用来绾住头发，也可用它把帽子别在头发上。五代《中华古今注·钗子》："钗子，盖古笄之遗象也，至秦穆公以象牙为之，敬王以玳瑁为之，始皇又以金银作凤头，以玳瑁为脚，号曰凤钗。"钗与簪是有区别的，发簪作成一股，而发钗一般作成两股。

▶ 钗

三、耳饰

耳饰是戴在耳朵上的饰品。大部分耳饰都是金属的，有些可能由石头、木头或其他相似的硬物料制成。佩戴在耳垂上的耳饰造型丰富，佩戴者主要以妇女为主，个别男子也有佩戴。佩戴的方式通常有三种：穿挂于耳孔；以簧片夹住耳垂；或以螺丝钉固定。一般用金银制成，也有镶嵌珠玉或悬挂珠玉镶成的坠饰。一般分为耳坠、耳环、耳钉等。

▶ 苗族银耳环（广西柳州博物馆藏）

▶ 苗族银耳坠（广西柳州博物馆藏）　　▶ 瑶族银耳环（广西民族博物馆藏）

四、项饰

项饰，顾名思义就是装饰在脖子上的饰品。主要有项链、项圈、璎珞、挂件等。项饰是人体的装饰品之一，是最早出现的首饰。项饰除了具有装饰功能之外，有些项链还具有特殊显示作用，如天主教徒的十字架链和佛教徒的念珠。从古至今人们为了美化人体本身，也美化环境，制造了各种不同风格、不同特点、不同式样的项饰，满足了不同肤色、不同民族、不同审美观的人的审美需要。而在民族服饰的配饰中，苗族的银项饰是最为惊艳绝伦的。

项链：是指用珠子串成或用环连接而成的链状饰物，如玉项链、金项链等，分珠形或管形，有坠或无坠。清代皇帝、大臣、后妃、品官夫人所戴的项饰就是一种项链，称为朝珠。朝珠是清代特有的项饰。

项圈：是指用金银等贵金属打制成的圈状装饰物，是一个整体，清代后妃服饰中的领约可能就相当于项圈。

▶ 苗族银项圈（湖南省博物馆藏）

▶ 苗族银项圈（柳州博物馆藏）

▶ 苗族银项饰

　　璎珞：是一种项链的变体。在项链上又坠饰其他花饰，使项链复杂化、美观化。佩戴璎珞的风俗可能从印度传来。我国雕塑文化中的菩萨一般均佩戴璎珞。

五、手饰

　　手饰就是戴在手上的饰品，以人身体的部位来定名。一般有手镯、手链、戒指、扳指、指环、指甲套等。

　　手镯，是用金、银、玉石等物制成的。用金银制成的镯子有时可能带有弹簧接口，一打开就脱下，因此成为"跳脱"。较璧、瑗"肉"部窄而厚。手镯的前身可能与琮和璜有关。手镯也是少数民族女子常佩戴的手饰品之一。

　　戒指，是指套在手指上的环状饰物，是古代后妃能够侍奉帝王的标志。《五经要义》中曰："古者后妃君妾御于君所，当御者以银环进之，娠者以金环退之。进者著右手，退者著左手。本三代之制，即今之戒指也。"

▶ 苗族银手镯、银戒指

扳指，是指清代满人男子在射箭时，用一种玉环套在大拇指上，即为玉扳指，比女子所用的戒指要宽一些。扳指是清代满族男子特有的手饰。

同时，手饰在苗族地区流行甚广，包括银手镯、银戒指等，是苗家人日常生活中最喜欢佩戴的装饰品，既显美观富贵，又有辟邪保平安之用。手镯的纹样以龙纹为主，也有少量的花、蝶、鸟等纹饰。戒指则以宽面为多，多饰浮雕、花卉、鸟蝶纹，也有编丝造型的，做工十分精致。

六、腰饰

腰饰即为装饰腰间的饰品，主要包括玉佩、带钩、带环、带板及其他腰间携挂物，材料一般以贵金属镶宝石或玉石居多。我国早期的腰饰主要是玉佩，即挂系腰间的玉石装饰物，玉佩在古代是贵族或做官之人的必佩之物，因为中国人以玉喻德，认为玉体现了清正高雅的气质。腰饰在少数民族服饰中最为多样，各民族的腰饰各具特色。

▶ 玉带钩（南越王汉墓博物馆藏）

▶ 玉带（陕西历史博物馆藏）

▶ 藏族腰饰

▶ 德昂族篾腰箍（云南民族博物馆藏）

器物说明：下图为德昂族妇女腰部饰物，直径 30 厘米，1980 年制作，征集于云南省德宏傣族景颇族自治州潞西市。用竹篾片、细草藤削制，呈圆圈型，用多圈连扎成，箍外涂红、黑、绿各色油漆，篾片上镂刻有精美图纹，套于腰部即可，通常缠 20~30 条，据说佩戴腰箍既美观又能避邪驱魔。

傣族妇女系裙之腰带既是腰带又是装饰品，重 250 克，1980 年制作，征集于云南西双版纳傣族自治州景洪市，银质，型制酷似鳝鱼骨，端头有钩扣。

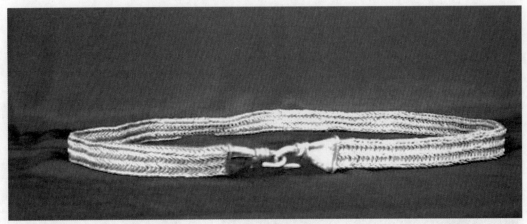

▶ 傣族银腰带（云南民族博物馆藏）

● **思考与练习**

（1）思考各民族首饰文化的审美特征。

（2）对苗族银饰进行个案分析，探讨苗族对银饰热爱的缘由，以及苗族银饰的款式发展。

（3）尝试对某件少数民族首饰进行现代设计改造。

包文化

一、包文化概述

包是古人为了更方便地收集东西而创造的产物。包伴随人类的发展和演变走到了今天，其发展过程也从实用性向观赏性延伸。包也随着日新月异的多元化需求而产生了不同的种类。仅仅从使用方式而言，就有挎包、提包、旅行包、公文包、背包和钱包等。而我们日常所使用的包，通常在设计上需要与主人本身以及身上的衣物穿着相互搭配，才能有更好的效果体现，从而提升一个人整体的美观性。于是，针对于人类对美的追求，包也从实用性渐渐向欣赏性转变，包在发展过程中不知不觉地变成了包饰，成为与服装搭配的配饰品。

在现代人对人文文化更深层次的探究下，包也有了更深的含义，不仅局限于实用性和观赏性，通常还在人对物质条件得到满足的情况下，更多地转化为精神上的享受和追求，而在这样的精神需求条件下，包也被赋予了精神含义，不再只是为人们在日常生活中盛放物品的器具。

民族包是民族服饰的配饰之一，在外表装饰上有着十分特殊的效果，具备实用性和审美性的民族艺术特征。民族包，广义上而言，囊括了各少数民族所能盛物的所有器具，其种类包括挂包、箭袋、手袋、背袋、荷包、背篓、竹筐等；狭义上是以软性纤维（麻、藤葛、布、丝、棉、皮毛等材料）为原料制作的包体。

日常型的包主要是日常外出时为携带物品而提供使用上的方便。造型和色彩可根据使用对象的职业、年龄、性别、体形而设计。青年人喜欢美观、活泼、有动感、变化大的式样，老年人喜欢简洁、典雅、大方、变化小的式样；身材修长的人宜选用长带肩挎包或提包，身材矮小、较胖的人则宜选择小型的肩挎包或手握式包。

二、荷包、香包

香包，中国古代叫"香缨"、"香囊"、"佩帏"、"容臭"，今人称"荷包"、"耍货子"、"绌绌"。它是古代汉族劳动妇女创造的一种民间刺绣工艺品，是以男耕女织为标志的古代汉族农耕文化的产物，是越千年而余绪未泯的汉族传统文化的遗存和再生。香包从狭义上讲，是指里面填充丁香、雄黄、艾叶末、冰片、藿香、苍术等具有芳香除湿功效的中药材粉末，外表绣以各种图案的实体造型工艺品。它形状像包，填充物又有香味，故称香包。香包从广义上讲，既包括实体型香包，又包括没有填装料的各类刺绣工艺品，如刺绣鞋垫、肚兜、帽子、披肩、枕套、台布、门帘、烟包等。香包范围的扩大，既反映了历史的演进，也反映了劳动妇女与时俱进的创新智慧。它是古时端午节人们必戴的装饰品，亦称香球、佩伟、香囊等。佩戴在服饰上不仅美观，其香气亦有防病强身、清爽神志之功效。屈原《离骚》中有"扈江篱与辟芷兮，纫秋兰以为佩"的诗句，"江篱"、"辟芷"、"秋兰"均为香草；"纫"，乃连缀之意，"佩"指香包。到了唐宋时期，香囊逐渐成为仕女、美人的专用品，男官吏们则开始佩戴荷包。有的官吏上朝时干脆把荷包缀于朝服之上。当然，那时的荷包与香包不完全一样，香包里主要装的是香草，而荷包主要是"盛手巾细物"的。这与前不久华池县双塔寺出土的手包型"千岁香包"比较吻合。

▶ 盘金彩绣狮子纹荷包（中国丝绸博物馆藏）

甘肃庆阳香包刺绣起源于古黄帝时代，初创于岐伯之手，发展于秦汉至唐宋年代，成熟于明清时期；形成了自己独特的艺术风格，具有明显的地域特色：既粗犷豪放，又精细纤丽；既浓烈娇艳，又清纯素雅；既是大写意，又是纯工笔。其构图简洁明快，寓意传统古老；色彩大红大绿，过度跨越色谱；绣面厚实沉重，形态稚拙传神；绣工细密精整，针脚平齐如画；针法丰富多变，品种千姿百态。

在庆阳，香包被称为"绌绌"或"耍活"，风格粗犷夸张，呈现出典型的民间刺绣艺术风格。据说，这里的香包初创于黄帝时代岐伯之手，数千年来代代相传，明清时达到鼎盛。2001年，文物专家对庆阳境内宋代双石塔进行搬迁时，发现了一只刺有变形梅花、荷花及缠枝花纹饰的香包。据考证，这只香包距今至少有800多年，但仍色泽艳丽，图案如新，被美誉为"千岁香包"，这是迄今我国发现的最早的香包。

从我国民间现存清代以来的香包看，大多数以花卉和动物为主图，以隐喻象征等手法表达各种情感寄托和美好向往。例如，用双鱼、双蝶、蛟龙等象征两性相爱、交合、生育；用莲花、荷花、牡丹、梅花等喻意女性；用登梅的喜鹊、采花的蜜蜂隐喻男性；用松鹤象征长寿、用石榴象征多子。而利用汉字的谐音做比喻者更

▶ 壮族荷包（广西民族博物馆藏）

▶ 水族绣花钱袋（云南民族博物馆藏）

是随处可见：送给新婚夫妇的"早生贵子"（枣儿、花生、桂圆、莲子组合图案）；送给长寿老人的"耄耋童趣"（以猫和蝴蝶戏牡丹组合图案，喻意老年生活非常有情趣）；送给小孩的"福寿娃娃"（以憨态十足的娃娃为主体，周围环绕蝙蝠、桃子组图，寓意此子今生多福多寿）。

三、挎包

挎包是一种装载物品的口袋，一般是斜着或者单肩背，所以叫挎包。少数民族服饰中，挎包是经常搭配的一种配饰。少数民族挎包最具特色的地方在于挎包的中心一般都是以刺绣或者织锦的工艺制作出富有少数民族文化的特色图案进行装饰，少数民族挎包是少数民族女性赠送给情人、亲人、朋友的一件艺术品，因此蕴含着丰富的情感，也表现出少数民族特有的文化审美观。

▶ 壮族挎包（广西民族博物馆藏）

四、褡裢

褡裢是昔日我国民间长期使用的一种布口袋，通常用很结实的家机布制成，长方形，中间开口，里面放着纸、笔、墨盒、信封信笺、印章印泥、地契文书、证件账簿等，都是处理文牍的用具。过去的商人或账房先生外出时，总是将它搭在肩上，空出两手行动方便。后来各式各样的背包、提包发展起来，再也见不到褡裢了。

▶ 蓝白色缎彩绣花蝶褡裢 (中国丝绸博物馆藏)

▶ 白缎铺绒绣桃子螃蟹褡裢 (中国丝绸博物馆藏)

　　褡裢是新疆农牧区维吾尔、哈萨克、柯尔克孜等民族喜欢的用粗棉、毛线手工编织的旅行袋，有 50 厘米宽，1 米多长，开口在中央，两端各成一个口袋，口边留有绳扣，可以串联成锁，结实耐用。褡裢挂在肩上，一半在胸膛前；另一半在背脊后。褡裢颜色绚丽夺目，图案富有民族特色，多用几何纹样，配以色彩斑斓的粗犷线条，格外悦目。不同地区又有不同风格，反映了新疆少数民族不同的艺术爱好和审美情趣。现有专门设计的一种小巧玲珑的小褡裢，工艺精细，色彩艳丽，可谓旅游纪念佳品。

● **思考与练习**

（1）思考包的发展历史。

（2）思考民族包的主要功能。

（3）从各民族包中挑出一款特色的尝试进行再创新设计。

任务四

鞋文化

一、鞋文化概述

关于中国鞋饰的起源，是一个复杂的问题，迄今众说纷纭，莫衷一是。有人说是为了御寒防暑，也有人说是为了美观和尽力装饰自己……旧石器时代，原始人最早以树叶遮身，跣足行走。在长期的劳动过程中，因为常常被石头划伤，受到寒冷侵袭，为了保护自己，慢慢懂得了可以用猎取到的动物身上的毛皮来抵御风寒；同时，也学会了用兽皮来保护脚，这就是最初的中国"鞋饰"——一种用小皮条将带毛兽皮裹在脚上的"兽皮袜"或"裹脚皮"。制作这种"鞋饰"只需天然兽皮以及简单切割所需的锋利石器，而旧石器时代已经具备了这两个条件。中国至今没有发现过"兽袜"的史迹。无独有偶，在欧洲一万多年前的洞穴画中，画有一幅人类脚裹"兽皮袜"的图画。从简单裹脚的"兽皮袜"到缝纫制鞋，至少经历了数万年，这期间骨针的发现为鞋饰的发展起到了决定性作用。一枚一万八千年前的骨针在北京周口店山顶洞内出土，骨针尖端锐利，尾部穿孔。骨针的发现绝不是孤立的，它必定产生于"缝纫线"之后，是人类在探索"缝纫线"的过程中，为了用"缝纫线"缝合兽皮的劳动中发明的。从大量出土文物来看，最早的缝纫线是"筋纤维"，是一种从动物身体内抽取的筋，经晒干、捶打，而获得的动物筋纤维。正是有了骨针和筋纤维，一种比"兽皮袜"更为先进的"缝纫鞋"出现了。

帮底分件是中国鞋史中的划时代成就，最早的实例是迄今留在世上而年代最久远的羊皮靴，它出土于新疆楼兰，整双靴子由靴筒和靴底两大部分组合而成，已完全脱离了原始鞋状态，基本符合了今天帮底分件的需求。帮底分件后，人们又逐渐把注意力集中到帮面设计的合理化上，更加讲究"皮鞋"的实用和美观了。

二、布鞋

布鞋是随着纺织品的出现而诞生的，在织布以前，有过一个编织阶段，即用野麻编织鞋履等。所以先有编织，后有纺织，在编织的基础上发展了纺织。古时的布不是棉布，而是葛和麻的纺织物。葛是我国最早的纺织原料，也是最早制作布鞋的材料。古诗有"纠纠葛屦，可以履霜"和"冬皮屐，夏葛屐"之句。葛屦就是最早的编织布鞋。商周时代，布鞋中有一种"絇"，是一种以帛为面、以木为底的布鞋。我国最早制作布鞋不用楦，后来出现了布楦，即用布块包裹着碎布等杂物模仿成脚型。唐代开始使用木楦制作鞋。

至隋代，鞋面仍为帛，但鞋底用重革而不用木了。自唐代起始有锦靴，唐代云头锦鞋（1969 年在阿斯塔那出土），材料和制作工艺精良，外观十分华丽。表明当时丝织物的织造技艺已非常精湛，不仅反映了这一地区鞋饰发展的水平，而且是西域和中原民族交往及中西文化交流的结晶。宋代鞋饰以锦缎为主，上面绣有各种图案，按其材料、制法、装饰不同，分为绣鞋、锦鞋、缎鞋、凤鞋和金镂鞋等。

在我国，各民族妇女几乎都喜欢绣花布鞋，如满族妇女的"花盆底鞋"，底高 7 厘米，鞋底木质，外裹白布，鞋帮常饰以各种刺绣戴装饰，鞋尖饰有丝线编成的德子，长可及地。回族妇女结婚时穿的绣花鞋，工艺极为精湛，常在大红、粉红、蓝、绿等色的鞋面前端绣上整朵大花和鲜绿的叶子，以象征吉庆。壮族女鞋以彩色丝线绣上花卉、鸟兽、人物等，色彩艳丽，以粉红色和暗绿色为主，鞋面皆为横措

▶ 壮族翘头绣花鞋（广西民族博物馆藏）

拌样式，纳底时，根据使用对象不同，纳出多种花纹。达斡尔族妇女的绣花鞋以黑戴蓝为底色，鞋帮上绣以五彩花，鞋面为双梁式样，鞋尖冲出鞋底。

三、靴子

靴始于战国时期，由西域少数民族传入中原，成为汉族服饰的一部分，《释名》云："古有焉履而无靴，靴字不见于经，至赵武灵王始服。"最有代表性的是著名的"六台靴"（也称"皂靴"），隋、唐、宋、元、明代皆有人穿用，以皮革为之，清代改为布靴。历代少数民族鞋靴凝聚着历史的足迹和人们的智慧，具有深厚的文化底蕴。通常分为皮靴和布靴两种，皮靴中有皮筒皮底和皮筒布底之分，布靴有布筒皮底和布筒布底之分。

鞋靴流行于我国北方的广大地区（主要为蒙、藏、维吾尔、达斡尔、锡伯、满、鄂伦春、朝鲜和赫哲族等居住的地区）。出土于新疆楼兰的羊皮女靴，是新疆原始社会时期贵族妇女的鞋饰，做工精巧，已脱离了用整块兽皮裹在脚上的原始鞋状态。整双靴由靴筒和靴底两大部件组合而成，说明四千年前的西域民族已经懂得采用兽皮的不同部位制作帮和底。靴是作为战争之物进入中原的，到了唐代，靴改为朝服，履反为裹服，没有着靴而朝见长官者为大不敬。在元朝和清朝，少数民族穿靴的形制对汉族影响较大。

我国少数民族皮靴各具特色，传统蒙靴分高中筒马靴、毡靴、缎靴和"唐吐马"等，尖梢上翘，靴面及靴筒为古铜色或棕黄色，靴梁和嵌条为绿色，靴内衬皮戴衬毡，靴身宽大，可套棉袜或毡袜，靴内可藏刀。传统蒙靴分布靴和皮靴两种，布靴用厚布或帆布制成，穿起来柔软轻便；皮靴用牛皮、马皮或驴皮制成，结实耐

▶ 蒙古族靴子

用，便于御寒防水。"唐吐马"是蒙古族牧民喜欢的一种布靴，类似中筒马靴，以黑布或条绒制成，靴筒用彩色丝线绣出美丽的云纹、植物饰纹和几何图案，靴内有长筒毡袜。

蒙古靴融合了诸多民族的手工技艺和智慧，造型精致、种类繁多。按靴头的样子，可分为尖头靴、圆头靴等；依据靴勒的高矮，可分为高勒、中勒和矮勒靴；以制靴材料来分，则有毡靴、皮靴和布靴之别。每一种靴子的制作都很讲究，且有特定工艺。长期以来，它与首饰、长袍、蒙古刀和腰带等一起成为颇具特色的蒙古族服饰的重要组成部分。蒙古靴制作需经 50 多道工序才能完成，其主要工艺流程如下：

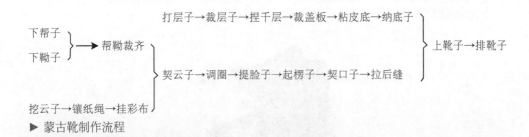

► 蒙古靴制作流程

► 蒙古族靴子

生活在高寒积雪地区的藏民，喜穿皮靴（牛皮）和布靴（平绒和条绒），毡里，皮底，以红色最流行。藏靴也有低筒的，镶有印度风格的红嵌边，靴内或靴外可插 10~17 厘米长的短刀。与藏族高原生活和粗犷性格相适应的是藏靴采用深沉的色彩，绝不着黄靴及靴上缀黄色，因为在藏族地区黄色是神圣的，历来只为宗教所用，只有活佛和喇嘛才能穿黄靴和镶嵌黄色的鞋靴。

维吾尔族形成了穿鞋套的习惯，目的是保护靴、鞋、袜免受雨雪侵蚀，入室即脱去鞋套。北疆多为圆头，称为欧洲式，穿套在马靴上；南疆为尖头，称为亚洲式，穿套在皮袜上。维吾尔族也穿毡靴，用羊毛毡仿靴子制成，有高腰和低腰两

种，既保暖又结实。

▶ 藏族靴子

▶ 维吾尔族靴子

另外，俄罗斯族的半高筒靴"玉代克"；塔吉克族的长筒软靴"乔兽克"；乌孜别克族的高筒绣花女皮靴"艾特克"；达斡尔族皮靴"奇卡米"；朝鲜族男子结婚时穿的中筒布靴；满族的缎靴，分为平时穿着的尖头靴和入朝时穿的方头皂靴两种……这些都是各民族历史与文化的写照，是各民族鞋艺术的瑰宝。

四、木屐

木屐，简称屐，是一种两齿木底鞋，走起路来吱吱作响，适合在南方雨天、泥上行走。若鞋面为帛制成，则称为帛屐；牛皮制作则称作牛皮屐。木制底下是四个铁钉，耐磨、防滑。木屐是汉人在隋唐以前，特别是汉朝时期的常见服饰。也是日本传统的鞋子，俗称"下踏"，其名来自中古音"屐屉"，常称作木屐，适用于室外。

木屐在中国，是汉服足衣的一种，是最古老的足衣。尧、舜、禹以后始服木屐，晋朝时，木屐有男方女圆的区别。木屐是汉人在清代以前，特别是汉晋、隋唐时期的普遍服饰。汉代时期，汉女出嫁的时候会穿上彩色系带的木屐。南朝梁的贵族也常着高齿屐。南朝宋之时，贵族为了节俭也着木屐。杜牧诗云："仆与足下齿同而道不同。"由木板与木屐带结合而成，木板的底面有两条突起的"齿"，目的是下雨天便于在泥上行走。江南以桐木为底，用蒲为鞋，麻穿其鼻。除了两齿木屐以外，汉人在军队里还采用了平底木屐，防止脚部被带刺杂草划伤。不仅军人如此，平民也往往穿着木屐，防止脚被带刺植物划伤。李白《梦游天姥吟留别》："脚着谢公屐，身登青云梯。"

▶ 穿屐的宋代男子（宋人《归去来辞图》）

在各种鞋履中，屐的构造比较特别，通常由三个部分组成：一是底板，这是屐的基础，通常以木料为之，作鞋底形，古时称为"木扁"，上钻有小孔数个，以穿绳系。二是绳带，称为"系"，南朝无名氏《提撷歌》"黄桑柘屐蒲子履，中央有系两头系"就指屐上的绳带。三是屐齿，均装在木扁下，其开头有扁平、四方及圆柱体等多种，高度在6~8厘米，前后高低大致相等。魏晋之际，木屐有所变化。东魏

▶ 夹脚木屐

《齐民要术》云："'屦'，音燮，又音替，字亦作'屉'，是木鞋。"王筠《说文句读》："'众经音义'云，'屦，凿腹令空荐足者也。'"然则以木为之而空其中也。不同于现代的木屐。中国木屐的形制有许多，夹脚只是其中的一种。

制作屐的材料主要是木料，所用木材有一定标准，以质地密致坚韧者为佳，常见者有桑屐，以桑木制成，如《南齐书·祥瑞志》："（世祖）在襄阳，梦着桑屐行，度太极殿阶。有枹木屐，以枹木制成。"晋稽含《南方草木状》："抱（枹）木生于水松之旁，若寄生然，极柔弱，不胜刀锯，乘湿时刳而为履，易如削瓜。既干则韧不可理也。……夏月纳之可御蒸湿之气。"有棠木屐，以沙棠木制成。

▶ 木屐

缠足木屐：清朝女子流行缠足，脚越小越美，大概六岁时起就用白布绑紧双脚，再穿这种木屐可使脚长不大，木屐要越穿越小。

▶ 缠足木屐

潮汕便屐：红木屐是潮汕人日常穿的一种。《潮阳县志》（光绪十年，潮阳知县周恒重监修，简称"周志"或"甲申志"）云："屐有五便：南方地卑，屐高远湿，一也；炎徽虐暑，赤脚纳凉，二也；所费无几，贫子省钱，三也；澡身濡足，顷刻遂燥，四也；夜行有声，不便为奸，五也。"《南粤笔记》云：屐，"以潮州所制拖皮为雅。"这里所说的拖皮屐，就是林大钦穿的红木屐。

潮汕木屐：潮汕木屐的式样与省会广州的木屐大致相同，但制作工艺比较精巧、讲究，其形式有：椭圆形，前略宽，后略窄，只适合男人穿的"龙船屐"；分左右脚，前趾略低，中呈弓形，后跟略高的"认脚屐"；不加任何油漆的原木的"白胚屐"；涂上红色、橙色、黑色、棕色等颜色，绘上花卉、图案的"油彩屐"；晚上在家穿的"高脚屐"；用坚韧的木材制成并上漆的称为"漆屐"等。潮汕木屐又名"散屐"，做工精细，屐皮用料考究，清代以来，已享有很高的声誉。旧时，潮汕人穿红木屐实为平常之事。可在外地人看来，却有一番异味古风。清康熙时曾官至内阁学士、刑部尚书的徐乾学，写有《潮州杂兴》云：蛮女科头足踏尘，大夫偏裹越罗巾。天无晴雨穿高屐，岂是风流学晋人。木屐作为潮汕地区旧时的生活用品，现已被各种塑料鞋类所取代，但现代农村仍有少数人还喜欢使用它。

▶ 潮汕木屐（潮汕民俗网）

文昌木屐：中国南部海南省著名侨乡文昌县素有穿木屐的习惯，虽然木屐逐渐被淘汰，被布鞋、皮鞋、塑料鞋取代，但是在城乡，还有一些人仍然喜欢穿着木屐。文昌木屐已有悠久的历史，初时，它的外形宛若一只用木板钉成的小凳子，上面再接合鞋帮，着地的两只脚称为屐齿。由于屐齿的接触面积小，所以能适应泥泞的路面或在雨天行走，人不易滑倒。后来出于生活的需要，慢慢出现了由整块木料凿成的拖鞋形式的木屐，这样的木屐有更多的优点。文昌木屐种类颇多，有苦楝木屐、苦常木屐、江斧木屐等，特别是用苦楝木料做的用油漆画得很漂亮的木屐，因

为苦楝木轻便、耐用，着之足下，真是妙不可言。

▶ 文昌木屐

五、草鞋

草鞋在中国起源很早，历史久远，可算是中国人的一项重要发明。它最早的名字叫"扉"，相传为黄帝的臣子不则所创造。由于以草作材料，非常经济，平民百姓都能自备。汉代称为"不借"，据《五总志》一书的解释是："不借，草履也，谓其所用，人人均有，不待假借，故名不借。"

古代穿草鞋相当普遍。据史料记载，贵为天子的汉文帝刘恒也曾"履不借以视朝"。古代的侠客、隐士似乎以穿草鞋为时髦："竹杖芝鞋轻胜马，一蓑风雨任平生。"电视剧中的大侠也大抵是如此装束，的确显得十分飘逸、洒脱、超然。《三国演义》中的刘皇叔就是卖草鞋出身的。说明草鞋在古代不仅平民百姓普遍穿用，连皇帝、侠客们也穿草鞋。从文献和先后出土的西周遗址中的草鞋实物，以及汉墓陶

▶ 壮族草鞋（广西民族博物馆藏）

▶ 草鞋弓（广西民族博物馆藏）

俑脚上着草鞋的画像，可确知早在三千多年前的商周时代就已出现了草鞋。

草鞋在中国社会生活中形成了一种文化，那就是"草鞋文化"。它体现了勤劳和智慧，表现了勇气和奋斗，展示了中华民族团结在一起的坚不可摧；而现在它又被寄予了新的文化内涵——环保和资源的再利用。

草鞋文化是中国文化的重要组成部分，不久的将来草鞋将会带着这种文化绑在你的脚上，让你享受这中华民族赐予的舒适和健康。

● **思考与练习**

（1）制作鞋子的材质包括哪些？

（2）鞋子的款式主要有哪几种？

（3）以某款鞋子为基础进行改良尝试。

（4）阐述某个民族鞋子的审美特征。

项目三
熟悉配饰材质

制作服饰是人类古老的艺术和技术之一，也是人类文明进化的基础。民族服饰的配饰是由不同材质的材料制作而成的，其中不仅包括了纤维材质的发现和加工，还有皮革材质的加工和使用，金属、宝石、贝壳、骨头等材质的使用，这些不同材质的物体在装饰了人身体美的同时，也随着时间的发展成为民族服饰配饰中重要的一部分。不同材质的配饰在不同民族服饰的搭配下，形成了各民族独特的民族服饰配饰文化，并且展现出璀璨光辉的绚丽篇章。

任务一

纤维材质

考古学家发现，在距今四十万年前的旧石器时代，人类就已开始使用兽皮和树叶蔽身。在温带和热带地区，人类把树皮、草叶和藤等系扎在身上，将某些树木的海绵状树皮剥下来后捣烂，制成大块衣料，因质地如纸，只能用作围裙。

　　人类在生活和劳动实践中发现，把植物的韧皮剥下来浸泡在水中，就可得到细长、柔韧的线状材料，这就是公元前五千多年在埃及最早使用的植物纤维——麻。据传说，早在距今四千多年前，我国黄帝的元妃嫘祖西陵氏偶然把一个蚕茧掉入沸水中，发现能连绵不断地抽出丝来。公元前一世纪，我国商队通过丝绸之路把丝织品传到了西方。公元前两千多年，古代美索不达米亚地区已经开始利用动物的兽毛，其中主要是羊毛。大约公元前三千年至两千五百年，印度首先使用了棉纤维。麻、丝、毛、棉这四大天然纤维的发现和利用，不仅标志着服饰材料的发展进入一个新的阶段，而且在人类社会发展史和人类自身进化史上都具有相当深远的历史意义。

一、棉

　　棉花原是一种热带植物，古时称为吉贝、白叠、木棉或梧桐木，用它织成的布称为白叠布。我国利用棉纤维的历史远远晚于葛麻类纤维。

▶ 棉花

　　棉纤维属于植物的种子上被覆的纤维，又称棉花，简称棉，属于天然纤维，是由棉花种子上滋生的表皮细胞发育而成的。由于棉纤维具有许多优良经济性状，使之成为最主要的纺织工业原料。

　　棉花大多是一年生植物。棉纤维的生长可以分为伸长期、加厚期和转曲期三个阶段。棉花是喜热作物，对水分也有一定的要求，但开花期（授粉期）及收获期忌多雨、喜光照，所以气候干燥但灌溉水源充足的地区最适宜种植棉花，例如：尼罗河谷地、三角洲，乌兹别克斯坦，美国棉花带，中国南疆等地。棉花的生长需要充足的光照（属于长日照植物），比较耐干旱，适宜生长在沙土等排水条件好的土壤上。

世界上品质最好棉花简介：

（1）埃及棉。世界上的棉花以埃及的长绒棉最为有名，其纤维最长可达 35 毫米以上，纤维横截面接近圆形，漫射能力强，它的织物丝光好，染色效果好。埃及棉的棉纤维的长度都比较长、比较细，做成纱线之后，强度高、柔度大，所有属性都比普通棉花要好很多。埃及是世界上最重要的长绒棉出口地区、由于其内在品质最好，它的价格也是世界上最贵的。

（2）美国棉。由美国选育出的陆地棉品种，原种是在 1911 年用"快车"与"福字棉"等杂交，经过 4 次回交和连续选择而得到的品系，又经多年系统连续选择先后得到"岱字 10 号"、"14 号"、"15 号"、"16 号"、"25 号"、"55 号"、"61 号"、"70 号"和"光叶岱字棉"等主要品种。在美国种植的陆地棉品种中，"岱字棉"居领先地位，在世界名产棉国家中，岱字棉品系也占有重要地位。

（3）新疆棉。新疆棉以绒长、品质好、产量高著称于世。新疆有得天独厚的自然条件，土质呈碱性，夏季温差大，阳光充足，光合作用充分，生长时间长，导致新疆种植的棉花表现出更突出的特点。

▶ 新疆棉花

按棉花的品种，可将棉花分为细绒棉和长绒棉两种。

（1）细绒棉：又称陆地棉。纤维线密度和长度中等，一般长度为 25~35 毫米，

我国目前种植的棉花大多属于此类。

（2）长绒棉：又称海岛棉。纤维细而长，一般长度在 33 毫米以上，它的品质优良，我国种植较少，除新疆长绒棉以外，进口的主要有埃及棉、苏丹棉等。

此外，还有纤维粗短的粗绒棉，目前已趋淘汰。

棉的特性有以下五点：

（1）吸湿性强，缩水率较大，为 4%~10%。湿态强度大于干态强度，但整体上坚牢耐用。

（2）染色性能好，抗皱性差。

（3）耐碱不耐酸。棉布对无机酸极不稳定，即使很稀的硫酸也会使其受到破坏，但有机酸作用微弱，几乎不起破坏作用。棉布较耐碱，稀碱在常温下一般对棉布不发生作用，但在强碱作用下，棉布强度会下降。常利用 20% 的烧碱液处理棉布，可得到"丝光"棉布。

（4）耐光性、耐热性一般。在阳光与大气中棉布会被缓慢地氧化，使强力下降。长期高温作用会使棉布遭受破坏，但其耐受 125~150℃ 短暂高温处理。微生物对棉织物有破坏作用，表现在棉布不耐霉菌。

（5）织品手感柔软，与肌肤接触无任何刺激，穿着舒适，久穿对人体有益无害，卫生性能良好。

二、麻

麻纤维指的是从各种麻类植物中取得的纤维，包括一年生或多年生草本双子叶植物皮层的韧皮纤维和单子叶植物的叶纤维。韧皮纤维作物主要有苎麻、黄麻、青麻、大麻、亚麻、罗布麻和槿麻等，其中麻、亚麻、罗布麻等胞壁不木质化，纤维的粗细长短与棉相近，可作纺织原料，织成各种凉爽的细麻布、夏布，也可与棉、毛、丝或化纤混纺；黄麻、槿麻等韧皮纤维胞壁木质化，纤维短，只适宜纺制绳索和包装用麻袋等。麻纤维具有其他纤维难以比拟的优势：具有良好的吸湿散湿与透气的功能，传热导热快、凉爽挺括、出汗时不贴身、质地轻、强力大、防虫防霉、静电少、织物不易污染、色调柔和大方，粗犷，适宜人体皮肤的排泄和分泌等特点。麻纤维织品特别适合有脚气、脚臭、狐臭的人士使用，对于脚气、脚臭较重的，可以配合穿着纳米银袜子，如 2xu 或 AUN 抗菌防臭袜避免脚臭。

▶ 麻类植物

1. 苎麻纤维

苎麻纤维是由一个细胞组成的单纤维，其长度是植物纤维中最长的，横截面呈腰圆状，有中腔，两端封闭呈尖状，整根纤维呈扁管状，无捻曲，表面光滑略有小结节。苎麻属多年生宿根草本植物，我国生长的基本上都是白叶苎麻，剥取茎皮取出的韧皮称为原麻或生苎麻。脱去生苎麻上的胶质，即得到可进入纺织加工的纺织纤维，习惯上称为精干麻，即纺织用麻纤维。宿根苎麻一年一般可收 3 次，第 1 次生长期约为 90 天，称为"头麻"；第 2 次生长期约为 50 天，称为"二麻"，第 3 次生长期约为 70 天，称为"三麻"，南方个别地区一年可收 5 次以上。苎麻茎的横断面分为表皮层、厚角细胞层、叶绿细胞层、韧皮纤维层、形成层、木质部和髓部等。

2. 亚麻纤维与胡麻纤维

亚麻与胡麻属同一品种。纺织用亚麻采取细株密植的方法，在植物半成熟时即收割，要求茎秆细长、少叉株甚至无叉株，这样获得的纤维不仅细，而且木质素含量低，纤维质量好。胡麻实际上就是油用亚麻或油纤两用亚麻的品种，所以它的纤维品质比常规亚麻稍差。纺织用亚麻均为一年生草本植物，又称长茎麻，茎高达 60~120 厘米。亚麻在世界上种植范围较广，俄罗斯、比利时和我国东北地区、西北地区都是世界上的主要产区，适于在高纬度较寒冷地区生长。亚麻纤维成束地分布在茎的韧皮部分，在麻的茎向有 20~40 个纤维束呈完整的环状分布，一个细胞就是一根纤维，一束纤维中有 30~50 根单纤维。在麻茎的不同部位，单纤维和束纤维的构造不同，根部单纤维横截面呈圆形或扁圆形，细胞壁薄，层次多，髓大而空

心；麻茎中部的单纤维大多呈多角形，细胞壁厚，纤维束紧密，其纤维的品质在麻茎中是最好的；茎梢的纤维由结构松散的束组成，细胞较细。

3. 大麻纤维与罗布麻纤维

大麻和罗布麻的应用范围仅次于苎麻、亚麻，由于这两种纤维在性能、风格上颇有特点，发展前景好。

（1）大麻纤维。大麻有早熟、晚熟两个品种，早熟的纤维品质好，晚熟的纤维粗硬。大多数大麻均为雌雄异株，雄株大麻的纤维好、出麻多。从收割的大麻上剥取韧皮比较困难，需先脱去少量果胶方能使韧皮与麻骨分离，生产上称这一过程为沤麻（在苎麻制取上也有应用）。实际上这是一种半脱胶工艺，近年来由于生物脱胶技术的发展和相关绢、麻工艺的交叉引入，大麻纤维的用量逐渐增加，它与亚麻有着相似的"无刺痒"风格，现已逐渐为消费者所接受。

大麻纤维的长度和亚麻相仿，也必须制成工艺纤维（含胶的纤维束）纺纱。大麻纤维本是洁白而有光泽的，但由于沤麻方法不同，色泽差异很大，有淡灰带淡黄色的，有淡棕色的，更有经硫酸熏白的。大麻单纤维的横截面呈中空多角形，表面有少量结节和纵纹，无扭曲、无捻转。

（2）罗布麻纤维。经全脱胶的罗布麻纤维洁白、光泽极好，脱胶难度与大麻相仿。罗布麻纤维长度略低于棉，其他性能均比棉差，用传统纺麻的方法处理它并不理想，纤维的性能风格十分符合服用要求，但尚未形成合理的产品开发路线。

4. 剑麻纤维与蕉麻纤维

剑麻又称西色尔麻，属龙舌兰科，原产于中美洲。世界上剑麻的主要生产国为巴西和坦桑尼亚，我国的剑麻主要产自南方省份。剑麻是多年生草本植物，一般两年后当叶片长至80~100厘米、有80~100片叶片时开始收割。开割太早，纤维率低，强度差；开割太迟，会因叶脚干枯影响质量。

蕉麻又称马尼拉麻，属芭蕉属，主要产地是菲律宾和厄瓜多尔，我国的台湾地区和海南省也有较长的栽培历史。蕉麻是多年生草本植物的叶鞘纤维，纤维的细胞表面光滑，直径较均匀，纵向呈圆形，横截面呈不规则的卵形或多边形。

5. 黄麻纤维与洋麻纤维

黄麻属椴树科黄麻属，是一年生草本植物，主要产区在长江流域和华南地区。洋麻属锦葵科木槿属，是一年生草本植物，在热带地区也可为多年生植物。

黄麻的单纤维是一个单细胞，生长在麻韧皮部内，由初生分生组织和次生分生组织分生的原始细胞经过伸长和加厚形成，黄麻从出苗到纤维成熟要经过100~140天。黄麻的横截面是许多呈锐角且不规则的多角形纤维细胞集合在一起的纤维束，束纤维截面中含有5~30根单纤维，单纤维之间由较狭窄的中间层分开，中腔呈圆形或卵形。

洋麻纤维生长在麻茎韧皮部内，纤维细胞的发育可分为细胞伸长期、胞壁增厚期和细胞成熟期，洋麻纤维细胞从分化到成熟要经过28~35天。洋麻单纤维横截面形状呈多角形或圆形，细胞大小不一。

三、丝

丝纤维是指由蚕、蜘蛛等昆虫分泌出来的天然蛋白质纤维。丝纤维的特点可以概括为"长、滑、柔、透"，它是所有纤维中最长的，而且滑润、柔软、半透明、易上色、色泽光亮、柔和。丝绸可以直接用作室内墙面裱糊或浮挂，是一种高级的装饰材料。我国是世界上最早植桑、养蚕、缫丝、织绸的国家，历代生产的丝织品，以其精湛的制作、高超的技艺，使我国一直在世界上享有"东方丝国"之称。我国传统的、高水平的丝织技术，对世界文明曾经产生过相当深远的影响，是世界科学文化遗产的重要组成部分。

蚕丝在纺织纤维中是比较珍贵高档的原料，其总量约占世界纤维总产量的0.2%，良好的舒适性和保健性使之成为人们一直钟爱的纺织品——"永久的时装"。通常根据品种和饲养方式，蚕丝可分为家蚕丝与野蚕丝两大类。

1. 家蚕丝

家蚕丝即桑蚕丝，其制品久负盛名，是高级纺织原料并占主导地位。纤维细柔平滑，富有弹性，光泽、吸湿好，轻、滑、亮、丽、暖是其突出优点。

2. 野蚕丝

野蚕种类很多，多在室外放养，是丝绸原料的补充来源。根据所食植物不同，常见的有柞蚕丝、蓖麻蚕丝、樟蚕丝、天蚕丝等，它也是最早在我国得以利用的蚕丝。目前辽宁省是我国主要的柞蚕丝生产区，约占全国总产量的90%。

丝的技艺：蚕本来是桑树的害虫，蚕茧是蚕蛹蜕化后的茧衣，主要成分是丝素和丝胶，丝素的表面和丝腔内部充满厚厚的丝胶。聪明的先民变害为利，经热水缫

民族服饰的配饰制作

煮和碱剂精炼这两道工序，将丝胶除去，使其成为优良的纺织原料。

热水缫煮后得到的仍然是生丝，生丝具有一定的纺织染色性能，但仍较生涩，必须经碱剂处理和清洗，才能较彻底地除去丝胶，使之具有良好的织染性能。这项工艺《考工记》称为"水湅"（lian），现代染整学称"练漂"。

但是要将已结成茧的丝变成能织布的丝，还要经过 5 个步骤：混茧、剥茧、选茧、煮茧和缫丝。

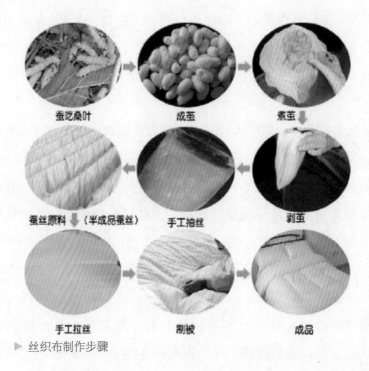

▶ 丝织布制作步骤

混茧：根据工艺设计的要求，人们需要对不同地区生产的蚕茧按比例进行混合。这样可以扩大批量，均衡茧质，统一丝色。混茧时要求茧色、茧形基本接近，茧丝纤度不匀较小，茧丝长一般相差不大于 200 米。

剥茧：茧子外层的茧衣纤维细而脆弱，不能用于缫丝，必须先行剥去。为此，人们还设计了专门的剥茧机以剥去茧衣，以保证煮茧的数量准确和在后面的煮蚕过程中煮熟均匀。剥除的茧衣量必须适当，因为剥除太多会影响出丝量，剥除的春茧茧衣量约占全茧量的 2%，秋茧约占全茧量的 1.8%左右。

选茧：这个过程要按照工艺设计的要求进行选茧分类，剔除原料茧中不能缫丝的下脚茧，这样用于制作丝绸的丝就都是上等好丝了。选茧分为粗选和精选两步。粗选是选出双宫茧和下茧，剩下的都是可供缫丝的上茧；精选则是在粗选的基础上，在上茧中选除次茧，并按茧形进行分型。

煮茧：煮茧能适当地膨润和溶解丝胶，增强茧丝的韧性，保证茧丝能连续不断地按顺序离解。煮茧是制丝过程中的一道关键工序，煮茧质量的好坏能直接影响丝的质量。

缫丝：将蚕茧抽出蚕丝就是缫丝。以前是用手抽丝，再卷绕在丝筐上；现代的缫丝一般使用机械。缫丝是制丝过程的一个主要工序。根据产品规格要求，把若干粒煮熟茧的茧丝抽出，再合并就制成生丝。

四、毛

在明代以前，动物的毛纤维是仅次于丝、麻纤维的重要纺织原料。中国古代毛纺织的历史和丝、麻纺织一样悠久，其技术也是和丝、麻纺织技术相互交融而发展起来的。我国古代用于纺织的毛纤维原料有羊毛、山羊绒、骆驼绒毛、牦牛毛、兔毛和各种飞禽羽毛等多种，其中羊毛始终为主要毛纤维原料，使用量最多，像毡子、毯子等古代主要毛纺织品大多是以羊毛纤维制成的。当然，除了上述毛类之外，还有一些特殊的毛皮也是民族服饰中常用到的，如东北的鄂伦春族等民族常用的狍子皮毛等。

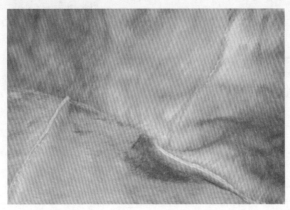

▶ 黑龙江狍子毛皮

1. 羊毛

我国古代饲养的羊分为绵羊和山羊两大品种。绵羊毛纤维具有许多良好的纺织性能，如良好的弹性、保暖性、柔软性、质地坚牢、光泽柔和，特别是其表层的鳞片发育较好，适于卷曲，富有纺织价值。我国挂带绵羊的主要品种有蒙古种、西藏

种及哈萨克种。蒙古种原产于内蒙古高原，后广布于内蒙古、东北、华北、西北等地，是我国饲养数量最多的一个品种。西藏种原产于西藏高原，后广布于西藏、青海、甘肃、四川等地。哈萨克种广布于新疆、甘肃、青海等地。由于各地区的自然条件、牧养条件不同，各地又有许多亚种出现。不同品种、不同产地的绵羊，毛纤维质量是有差异的。西藏种、哈萨克种的毛纤维在细度、长度、强度、弹性等方面都比较好，可织制精细毛织物。内蒙古原种羊的毛纤维比较粗硬，适宜织制比较粗厚的织物和毛毯，特别是地毯。

▶ 剪羊毛

2. 山羊绒

山羊毛的纺织价值不高，但在长毛底下的绒毛却是不可多得的高级纺织原料。我国山羊的饲养和山羊绒的利用是从新疆经过河西走廊逐步发展到中原各地的。据明代宋应星的《天工开物》记载，一种叫作"搞芳"的羊，唐代末年自西域传来。这种羊外毛不长，内毛却很柔软，可用来织绒毛细布。陕西人称它为山羊，以区别于绵羊。这种羊从西域传到甘肃临洮，现在兰州最多，所以绒毛细布都来自兰州，又叫兰绒。西部少数民族叫它"孤古绒"，这是一种十分高级的毛织物。

3. 牦牛毛

我国利用牦牛毛纺织的历史较早。1957 年在青海省都兰县诺木洪发现的一处相当于周代早期的遗址中，曾出土过一批毛织物，所用纤维经切片鉴定，可以分辨出里面有牦牛毛，说明当时青海地区已开始利用牦牛毛充当纺织原料。另据《魏书》

记载，聚居并游牧于甘肃西南、四川西部、青海、西藏等地的西羌人，居住用的帐篷都是用牦牛毛和山羊毛织成的。

▶ 牦牛及牦牛毛

4. 驼毛绒

我国的骆驼多产于内蒙古、新疆、青海、甘肃等地，因而古代这些地区利用驼毛绒纺织较其他地区为多。汉代以前，由于采集分离驼绒技术不过关，纺出的驼毛绒质量不高，一般多用来和羊毛混织，如在新疆吐鲁番阿拉沟地区战国墓葬群以及今蒙古人民共和国境内诺因乌拉东汉墓中发现的含驼毛绒织物，皆为驼毛绒和羊毛的混织物。到了汉以后，采集分离技术有了进步，纯驼毛绒织品才逐渐多起来。唐代时，甘肃、内蒙古等地还曾将纯驼毛绒制成的褐、毡作为地方特产进献给朝廷。

5. 兔毛

据《唐书·地理志》记载，隋唐时期安徽、江苏一带普遍利用兔毛纺织，叫作"兔褐"，其兔毛织品也曾作为地方特产，大量上贡给朝廷。另据记载，唐代安徽宣城一带地区用兔毛制成的"兔毛褐"，与锦、绮同等珍贵，很有特点，是当地著名

▶ 兔子及兔毛

特产，有的商人为了获得高利润，还用蚕丝仿制兔子及兔毛。

6. 羽毛

据《南齐书·文惠太子传》记载："太子使织工织孔雀毛为裘，光彩金翠，过于雉头远矣。"说明南齐时候不仅用孔雀毛织作，也用雉头毛（野鸡）织作。又据《新唐书·五行志》和其他有关记载：安乐公主使人合百鸟毛织成"正视为一色，傍视为一色，日中为一色，影中为一色"的百鸟毛裙，贵臣富室见了后争相仿效，以致使"江岭奇禽异兽毛羽采之殆尽"，说明唐代还曾用过许多种鸟毛织作。这种百鸟毛裙的织制工艺是值得注意的，它是利用不同的纱线捻向以及不同颜色的羽毛，在不同光强照射下形成不同反射光的原理织制而成的。这种织造法是唐代纺织技术的一大发明，为当时世界纺织工艺中仅见。

▶ 孔雀毛

北京定陵博物馆保存有一件明代缂丝龙袍和一些明代缂丝残片，其中龙袍上的部分花纹线和缂丝上的部分显花纬线，都是用孔雀羽毛织捻的，北京故宫博物院保存的清代乾隆皇帝的一件刺绣龙袍，胸部龙纹的底色部分也是用孔雀毛纤维捻成的纱线盘旋而成的，这些现存文物是我国古代利用飞禽羽毛进行纺织的实物佐证。

● 思考与练习

（1）了解植物纤维与动物纤维的不同特性。

（2）讲述某种纤维（棉、麻、丝、毛）的制作加工工艺。

（3）了解各种毛类概况，并使用一种毛类设计一件配饰品。

皮革材质

皮革是经脱毛和鞣制等物理、化学加工所得到的已经变性、不易腐烂的动物皮。革是由天然蛋白质纤维在三维空间紧密编织构成的，其表面有一种特殊的粒面层，具有自然的粒纹和光泽，手感舒适。天然皮革主要有猪皮革、牛皮革、羊皮革等。

一、猪皮革

猪皮的粒面凹凸不平，毛孔粗大而深，明显三点组成一小撮，具有独特风格。猪皮的透气性比牛皮好，粒面层很厚。纤维组织紧密，作为鞋面革较耐折，不易断裂，作为鞋底革较耐磨，特别是绒面革和经过磨光处理的光面革是制鞋的主要原料。猪皮革的特点是皮厚粗硬，弹性较差。

二、牛皮革

用于制鞋及服装的牛皮原料主要是黄牛皮。皮的各部位皮质差异大，背脊部的皮质最好。该处的真皮厚而均匀，毛孔细密，分布均匀，粒面平整，纤维束相互垂直交错或倾斜呈菱形网状交错，坚实致密。黄牛皮耐磨、耐折，吸湿透气好，粒面磨后光亮度较高，绒面革的绒面细密，是优良的服装材料。

牛革中还包括水牛革皮和小牛皮。水牛革厚度较黄牛革大，组织结构较松散，毛孔粗大，粒面粗糙，成品不及黄牛革美观耐用。小牛皮柔软、轻薄，粒面致密，是制作服装的好材料。

三、羊皮革

羊皮革的原料皮可分为山羊皮和绵羊皮两种。山羊皮的皮身较薄，皮面略粗，

毛孔呈扇形或圆形，斜伸入革内，粒纹向上凸，几个毛孔呈一组似鱼鳞状排列。成品革的粒面紧实，有高度光泽、透气、坚实、柔韧。绵羊皮的表面较薄，粒面层较厚，甚至超过网状层。网状层的胶原纤维束较细，排列疏松，成革后透气性、延伸性较好，手感柔软，表面细致平滑，但强度不如山羊皮，做成的服装不禁穿。

● **思考与练习**

（1）了解皮革的使用历史。

（2）了解皮革的制作工艺。

（3）以某种皮革的特性为基础，设计一款舒适的配饰品。

任务三

金属、宝石材质

一、金属

最为我们熟知的稀有金属莫过于金、银两种，相对于银饰品来说，由于金饰价格昂贵，民族服饰的配饰中金饰品很少，一般都是随着墓葬的出土而被发现的，民族服饰配饰中银饰比金饰使用的范围广，这也与银饰价格相对较低，以及在清代以前我国经济以银为本位有很大关系。

▶ 金臂钏（陕西历史博物馆藏）

▶ 匈奴金王冠（内蒙古博物院藏）

在民族服饰的配饰中，银是最常使用的配饰材质之一，一般多用来制作银冠、银项圈、银手镯、银项链、银耳环、银发簪等，各少数民族的配饰由于历史文化以及地域环境的原因，各不相同、各有特色。在蒙古族妇女的首饰中，银饰一般和珊瑚、绿松石等宝石搭配；而在苗族的银饰中，银饰一般是单纯用以展示其工艺的精湛，偶尔有烧蓝、点翠的工艺与银饰相配，使得银饰的变化更加多样化。

▶ 巴尔虎部落蒙古族银头饰清代（内蒙古博物院藏）

二、宝石

珠宝玉石有许多种类，可分为三大类：玉石、有机石以及宝石。玉石包括：大理石、汉白玉、蓝田玉、软玉、硬玉、南阳玉、绿松石、孔雀石、寿山石、萤石等。有机石包括：珍珠、珊瑚、琥珀、象牙、龟甲、车渠、煤玉、贝壳等材料，被作为制作首饰的常见材料，已有悠久的历史。宝石包括：红宝石、钻石、蓝宝石、堇青石、锆石、祖母绿、欧泊、金绿猫眼、托帕石、尖晶石、橄榄石、磷灰石、碧玺、石榴石、红柱石、水晶、月光石、绿柱石、紫牙乌等。

▶ 古代宝石　陕西历史博物馆藏

▶ 珞巴族绿松石耳饰

1. 玉石

中国是一个有着玉文化的国度。古人有"君子比德于玉"的说法。《说文解字》中有"石之美者，玉也"的描述。《辞海》则将玉简化地定义为"温润而有光泽的美石"。玉有软玉、硬玉两种，依据亚洲宝石协会（GIG）的研究，软玉狭义上是指和田玉，广义上包括岫岩玉、南阳玉、酒泉玉等十多种软玉。很多软玉历史同样悠久，如岫岩玉。硬玉另有一个流行的名字——翡翠。软玉（Nephrite）是含水的钙镁硅酸盐，硬度一般在 6.5 以下，韧性极佳，半透明到不透明，为纤维状晶体集合体。硬玉（Jadeite）为钠铝硅酸盐，硬度 6.5~7，半透明到不透明，粒状到纤维状集合体，致密块状。两种玉外形很相似，硬玉的比重（3.25~3.4）大于软玉（2.9~3.1）。

从我国用玉的历史来看，只是在商代以后才大规模地使用新疆和田玉，而在此之前各地使用的玉材基本上是就地取材的各种美石。因此，中国玉的定义，不能单纯地依赖现代矿物学的标准，而应该从历史的角度出发，尊重传统的习惯，把广义的玉作为研究玉器、玉文化的对象。

商代玉鸟形佩，高 9 厘米，宽 4 厘米，厚 0.6 厘米。玉为青色，通体红色沁。器呈片状，两面稍凸。主要采用双勾阴线技法雕琢，两面纹饰相同。此玉鸟头顶高冠，额下有五个出戟，钩嘴，双目呈"臣"字形。冠的两侧各阴刻一铭文，似为"牧"、"侯"两字。玉鸟始见于新石器时代，商代较为流行并一直延续至清。高冠是殷商时期玉鸟常见的装饰风格，但刻有文字的商代高冠玉鸟，无论在出土器中还是在传世品中，这都是迄今为止唯一的一件，极其珍贵。

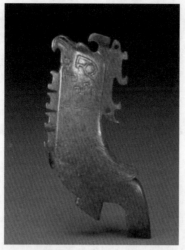

▶ 玉鸟形佩 商代（故宫博物院藏）

▶ 玉扳指 清代（故宫博物院藏）

▶ 白玉蟠龙环佩 明代 故宫博物院藏

▶ 翡翠手镯

2. 珍珠

珍珠是一种古老的有机宝石，主要产在珍珠贝类和珠母贝类软体动物体内，而由于内分泌作用而生成的含碳酸钙的矿物珠粒，是由大量微小的文石晶体集合而成的。根据地质学和考古学的研究证明，在两亿年前，地球上就已经有了珍珠。国际宝石界还将珍珠列为六月生辰的幸运石，结婚十三周年和三十周年的纪念石。具有瑰丽色彩和高雅气质的珍珠，象征着健康、纯洁、富有和幸福，自古以来为人们所喜爱。中国是世界上名副其实的"珍珠古国"，有关珍珠的记载可以追溯至公元前2200年。据《尚书·禹贡》载："淮夷宾珠"，说明中国采珠历史早在4000年前的夏禹时代就已开始了，淮河盛产淡水珍珠，当时还将珍珠定为贡品。在《周易》、《诗经》等古籍中均有关于珍珠的记载。有史以来，珍珠一直象征着富有、美满、幸福和高贵。封建社会权贵用珍珠代表地位、权力、金钱和尊贵的身份，平民以珍珠象征幸福、平安和吉祥。

▶ 珍珠项链

▶ 珍珠手链、珍珠吊坠、珍珠耳环

▶ 藏族珍珠头饰

　　东珠朝珠，清咸丰年间制成，周长 139 厘米，清宫旧藏。此为咸丰皇帝使用的朝珠，由一百零八颗东珠组成，间以红珊瑚佛头四。佛头两侧分别有两颗蓝晶石珠；顶端佛头下连缀一红珊瑚佛头塔，塔下以明黄色绦带系椭圆形金累丝嵌红宝石及珍珠背云，上下各有珊瑚蝙蝠形结一，垂金累丝点翠托翡翠坠角。松石记念三串，下垂金累丝点翠托红、蓝宝石、碧玺坠角各一。整盘朝珠放于黑色漆屉内，附黄条，其上墨书"文宗显皇帝"，上盖黄色单袱。东珠产自满族的发祥地东北，根据其大小、圆润成色可分为五等，这盘朝珠的东珠直径均在 1 厘米以上，大小均匀，当为一等。东珠朝珠在所有朝珠中最为珍贵，只有皇帝、皇太后、皇后才能佩戴。

▶ 东珠朝珠　清代咸丰年间（故宫博物院藏）

民族服饰的配饰制作

3. 蜜蜡

蜜蜡即密腊，呈不透明状或半不透明状的琥珀被称作密腊，为树木脂液化石，非晶质体，无固定的内部原子结构和外部形状，断口常呈贝层状，折射率介于1.54~1.55，双折射不适用。物理学验定，蜜蜡的比重在1.05~1.10，仅比水稍大，为珍贵的装饰品。蜜蜡为有机类矿物之一，质地脂润，色彩缤纷，用途广泛，价值超卓，与其他自然宝石一样，享有"地球之星"的美誉。蜜蜡是大自然赐予人类的天然珍贵宝物。它的产生形成过程须经历数千万年，其间历尽沧桑，又令它增添了无比瑰丽的色彩。蜜蜡的神奇变化，使它几乎无一雷同，仿佛任何一件都是世间独一无二的。它的美丽、神奇，每每予人一番惊喜。蜜蜡蕴含着无数的色彩，有的透明晶亮，有的半透明，有的不透明但色彩斑斓。透明的若再加上光线照射，往往有

▶ 蜜蜡配饰

▶ 藏族蜜蜡、绿松石、珊瑚等配饰

多种色彩显现。自古以来，蜜蜡便为世人所喜爱，且不分疆界、种族、阶级、文化、宗教和时代背景，均对之赞赏有加，视同宝物，经久不衰。

4. 珊瑚

珊瑚是珊瑚虫分泌出的外壳，珊瑚的化学成分主要为$CaCO_3$，以微晶方解石集合体的形式存在，成分中还有一定数量的有机质，形态多呈树枝状，上面有纵条纹，每个单体珊瑚横截面有同心圆状和放射状条纹，颜色常呈白色，也有少量蓝色和黑色，珊瑚不仅外形像树枝，颜色鲜艳美丽，可以做装饰品，还有很高的药用价值。宝石级珊瑚为红色、粉红色、橙红色。古罗马人认为珊瑚具有防止灾祸、给人智慧、止血和驱热的功能。它与佛教的关系密切，印度和中国西藏的佛教徒视红色珊瑚为如来佛的化身，他们把珊瑚作为祭佛的吉祥物，多用来做佛珠，或用于装饰

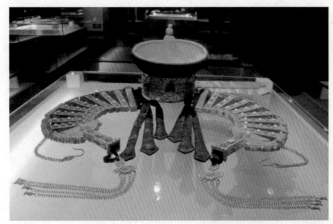

▶ 蒙古族　珊瑚头饰（北京服装学院服饰博物馆藏）

▶ 嵌有珊瑚的蒙古族首饰（北京服装学院博物馆藏）

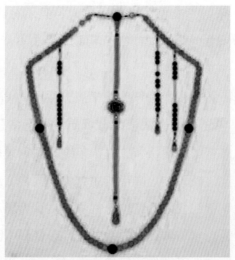

▶ 珊瑚朝珠　清代（故宫博物院藏）

神像，是极受珍视的首饰宝石品种。

5. 碧玺

碧玺又称为"电气石"，是一种硼硅酸盐结晶体，并且可能含有铝、铁、镁、钠、锂、钾等元素。正是由于这些化学元素，碧玺可呈现各式各样的颜色。其英语名称"Tourmaline"由古僧伽罗（锡兰）语"Turmali"一词衍生而来，意为"混合宝石"。 在中国，"碧玺"这个词语最早出现在清朝。清朝的古典中曾有相关记载："碧亚么之名，中国载籍，未详所自出。清会典图云：妃嫔顶用碧亚么。滇海虞衡志称：碧霞玺一曰碧霞玭，一曰碧洗；玉纪又做碧霞希。今世人但称碧亚，或作碧玺，玺灵石，然已无问其名之所由来者，惟为异域方言，则无疑耳。"

▶ 碧玺代扣（故宫博物院藏）

▶ 碧玺雕松鼠葡萄佩（故宫博物院藏）

● 练习与思考

（1）总结宝石的种类，思考每种不同宝石的文化寓意。

（2）了解我国玉的使用历史及文化特征。

（3）选择一种你最喜爱的宝石种类，尝试进行富有民族元素的现代饰品设计。

任务四

贝壳材质

民族服饰配饰中贝壳材质的配饰不在少数，尤其是西南少数民族和台湾的高山族，用贝壳制作的头饰、腰饰、衣饰等都成为其民族服饰的显著特征。

海贝，宛若象牙，玲珑光洁，通体圆润，背面有的呈淡紫色，有的有一黄圈，其晶莹美观不在珠玉之下。因此之故，在海贝作为货币流通的过程中，尤其是在它退出流通之后，包括哈尼族在内的一些少数民族都喜欢用它来做装饰品。

哈尼族等少数民族以贝为饰的情况，早在南诏时即已开始。唐人樊绰在其《蛮书》卷八"蛮夷风俗"中写道："妇人，……髻上及耳，多缀真珠、金、贝、瑟瑟、琥拍。"北宋《太平御览》卷九四二引韦齐休《云南记》说："新安蛮妇人于耳上悬金环子，联贯瑟瑟贴于髻侧，又绕腰以螺哈（即海贝）联穿系之，谓之坷佩。"元明清时期，以贝为饰之俗，在哈尼族以及其他少数民族中更为普遍。明人顾炎武在《天下郡国利病书》卷一"云南"条中写道：当时的彝族"妇人跣足，顶带红绿珠，杂海贝。……以多为胜。"又谓：哈尼族"妇花布衫，以红白棉绳辫发数塔，续海贝、杂珠，磐旋为螺髻。"又谓：壮族"妇人挽髻脑后，头戴青绿珠，以花布围腰为裙，上系海贝十数围，系莎罗布于肩上。"清康熙《云南通志》"风俗篇"载："滇中用贝，今已渐少，而近边夷妇，常蓄之以为首饰。"倪蜕《滇云历年传》卷十二也说：云南停止用贝币之后，"于是贬贝散为妇女巾领之饰"。可见，自南诏以后，迄于明清，哈尼族以及其他一些少数民族都用海贝来做装饰品。对此，江应梁先生根据《云南通志·南蛮志》的记载，做了全面的研究。他指出：明清时期，"以贝作装饰

的夷民共十二种",其中包括哈尼族在内。他还指出:这些夷民用贝作装饰的式样和部位又各不相同。归纳言之,可分为三类:

(1)用海贝装饰于发上或头上者,有干罗罗(彝族)、罗姿(彝族)、白朴喇(彝族)、糯比(哈尼族)、黑夷(傣族)和窝泥;窝泥(居元江一带)"妇女衣花布衫,以红白棉绳辫发数给,海吧、杂珠盘旋为螺髻"。

(2)用海贝装饰于衣领及头上者,有黑干夷(傣族)、黑罗罗(彝族)和窝泥;窝泥(居景东一带)"女衣用长桶,有领袖无襟,内着跨,领缀海肥"。

(3)用海贝装饰于裙边或围于腰际者,有濮人(布朗族与德昂族)、白窝泥(哈尼族)、黑淮(傣族);白窝泥(居宁洱一带)"服饰尚白,身挂海贝"。

可见,今云南境内的彝族、傣族、哈尼族、布朗族、德昂族等少数民族及其支系的妇女,都有以贝为饰之俗,或装饰于头发及头上,或缀于衣领、裙边,并且有"以多为胜"的观念。其中,哈尼族妇女以贝为饰则更为普遍,上述的三类装饰形式,哈尼族均具有之。这说明,在哈尼族等少数民族中,海贝不仅具有货币意义,而且是一种用作装饰的珍品,具有显示富贵的意义。

▶ 云南哈尼族服饰(云南民委网站)

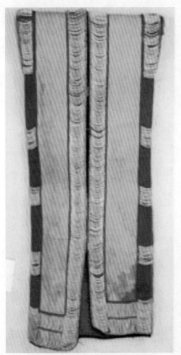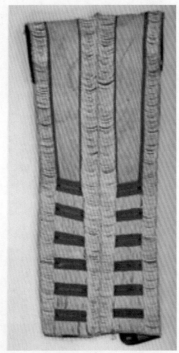

▶ 台湾高山族泰雅人贝珠衣（上海博物馆藏）

▶ 珞巴族贝壳腰饰

● 练习与思考

（1）了解贝壳使用的历史。

（2）阐述为什么在云南有些少数民族喜欢使用贝壳进行装饰。

（3）尝试用贝壳进行一款配饰的设计。

项目四

配饰的制作

任务一

纺织技艺

一、纺织技艺概述

在原始社会初期，纺织技术发明以前，人们用来御寒遮羞的衣物不外乎是狩猎所得的兽皮、羽毛，或者是采集所得的树叶、茅草。纺织是人类继穿兽皮之外的重要发明之一。最初的纺织原料是采集野生的植物纤维，如野麻、野葛、竹子、树皮等。随着渔猎经济的发展，人类将兽皮、鱼皮割制成条和兽毛作纺织原料。农业生产以后，人类开始种植麻、葛和养蚕抽丝，在游牧地区则利用牲畜皮毛做纺织原料。天然植物纤维多呈松散状，而且单一纤维短细，强度低、不结实，为了使它坚固耐用，必须用多根纤维加捻并续接以增加强度和长度。最初的加捻方法是用手指，这种方法太慢而且不能保证纺线的均匀度，远远满足不了织布的要求，于是新

097

民族服饰的配饰制作

石器时代先民们发明了一种由陶或者石制成的纺纶，利用纺轮旋转力将纤维加捻成纱。

距今 7000 年前左右，即我国新石器时代晚期的仰韶时期，我们的祖先已经掌握了纺织技术。仰韶时期氏族成员在长期的劳动中已知用纺轮捻线，用简单织机织布，用骨针缝制衣服，用竹子、苇编织席子。在 1958 年浙江吴兴钱山漾新石器时代文化遗存中发现的纺织品，里面有丝织品，经过鉴定，是家蚕丝，这证明，我国是发明养蚕缫丝的国家，我们的祖先约在 5000 年前就已在黄河流域和长江流域养蚕织绸了。同样，当中原地区开始利用植物、动物纤维进行纺纱织布的时候，我国牧区族群的妇女们，就开始用羊毛或其他兽毛进行纺织了。在纺织技艺中除了麻织技艺、丝织技艺、毛织技艺外，还有棉织技艺。

良渚文化时期的石纺轮　直径 4.8，厘米厚 0.7 厘米（无锡市民间蓝印花布博物馆收藏）
▶ 新石器时代的纺轮

▶ 纺轮的缚盘和缚杆连接示意图

二、棉织技艺

棉花是在我国发展较晚的一种纺织材料，棉花最早生产自我国的西南和西北地区。但是，直到明代，种棉织布才普遍于全国。棉织技艺是目前我国传播最广的纺织技艺。尤其是在当下的许多少数民族村寨中，尚保存着一套完整的传统棉织技艺。

1. 采摘棉花

顾名思义，就是从棉田里把棉花采摘回来进行加工的一个过程。在西北新疆地区，我国棉田已经采用机械化运作，但是在多山、多丘陵沟壑的南方少数民族地区，由于地势和种植面积较小的原因，棉花的采摘还需要人工的劳作力。

▶ 采摘棉花

2. 脱棉籽

棉花在采摘回来之后首先需要经过脱棉籽机的处理，把棉花里的棉籽脱离出来。

▶ 脱棉籽

3. 纺纱

　　脱离出来的棉花用纺纱机把棉团纺成棉线，这个过程要求力度适中，否则纺出来的棉线或粗或细就不好用了。这是一道讲究技术和经验的工序。

▶ 纺纱

4. 排线、牵经、穿筘、装机

棉花纺成棉线之后并不能直接上织布机，而是要经过排线架先把纺纱机上的棉线排成一卷一卷的棉线。

▶ 排线、牵经、穿筘、装机

5. 织布

棉线排成一卷一卷之后就可以放入织布机上织布了，一条一条的棉线在农家妇女的手中从比较原始的织布机上变成一块一块的棉布。农家妇女一般都是在饭后的空闲时间制作。

▶ 织布

三、织锦技艺

锦是地纹经纬线与各种色线相互交织起花的多重织物，或通经断纬起花，或通纬断经起花，或通经通纬起花。中国丝织提花技术起源久远，早在殷商时代中国已有丝织物。周代丝织物中出现织锦，花纹五彩斑斓，技艺臻于成熟。汉代设有织室、锦署，专门织造织锦，供宫廷享用。魏晋南北朝、隋唐时期是中国织锦发展史上的一个转折期。特别是到了唐朝，丝绸之路一派繁忙。唐代贞观年间窦师伦的对雉、斗羊、翔凤等蜀锦图案，称为"绫阳公样"。唐代在织造工艺上由经锦改进为纬锦，纬锦采用纬起花的显花方式，突破了"锦花型"单元较小的局限，并出现了彩色经纬线由浅入深或由深入浅的退晕手法。北宋朝廷在东京设"绫锦院"网罗了很多蜀锦织工为贵族制作礼服，从而形成宋锦。明代建都南京，又形成了云锦。

2006 年，蜀锦、宋锦、云锦被列入第一批国家级非物质文化遗产名录。文化部批准的织锦类国家级非物质文化遗产生产性保护示范基地有成都蜀锦织绣博物馆以及南京云锦研究所。少数民族织锦中有壮锦、苗锦、侗锦、土家锦、黎锦、傣锦等。

1. 壮锦

《广西通志》载："壮锦，各州县出。壮人爱彩，凡衣裙中披之属莫不取五色绒，杂以织布为花鸟状。远观颇工巧炫丽，近视则粗，壮人贵之。"壮锦是用丝绒和棉线交织而成，以棉线或麻线做经，以彩色丝绒做纬，经线为原色，纬线用五彩丝绒织入起花的，正面和背面纹样对称，结构严谨，式样多变。结构上以几何纹和自然纹连续结合，主要有四方连续纹、二方连续纹和平纹；纹饰主要有万字纹、回纹、水波纹，图案有梅花、蝴蝶、花篮等。壮锦质感厚重柔软，宜做被面、围裙、台布、壁挂、背包、背带等。

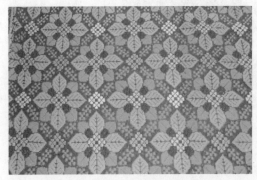

▶ 桂花纹壮锦（广西民族博物馆藏）

▶ "卍"字纹壮锦（广西民族博物馆藏）

▶ 云雷纹壮锦（广西民族博物馆藏）

▶ 广西壮族妇女织壮锦

2. 侗锦

侗锦分为黑白锦和彩锦。黑白锦为四方连续结构，以黑色或蓝色棉纱为经，白色棉纱为纬，用土制织机将深、浅二色棉纱互相垂直交织而成，正面以黑花和蓝花为主，背面以白花为主，正反两面互为阴阳。彩锦以彩色丝线相互交织，以几何纹二方连续构图，精细简朴。侗锦主要用作衣服、床毯、背带等面料。

▶ 素色侗锦（广西民族博物馆藏）

▶ 广西三江侗族织锦

3. 苗锦

苗锦有大花锦和小花锦之分，均用自纺的白色棉线作经线底，用各色丝绒作纬线起花，以通经断纬的方法织成。花色凸显正面，结构以二方连续和四方连续为主，色彩艳丽，图案精巧，多花鸟、虫蝶和几何纹，具有强烈的节奏感。苗锦主要用于被面、背带、袖口等。

4. 瑶锦

瑶锦以棉线作经，彩丝作纬，用通经断纬的方法织成。图案多以方形、菱形、

▶ 苗锦（广西民族博物馆藏）

▶ 广西融水苗族妇女挑花织锦

三角形等几何纹作对称式、水波式、二方连续或四方连续排列，色彩多以大红、桃红、橙黄等暖色调为主，间以蓝、绿、白、紫等色，色彩对比鲜明，韵律感强。瑶锦主要用于被面、床单、背带、挂包等。

▶ 瑶锦（广西民族博物馆藏）

▶ 广西龙胜红瑶织锦

● **练习与思考**

（1）了解我国传统纺织技艺的方式及每个步骤。

（2）思考织布和织锦之间的区别是什么？

（3）了解纺织布与无纺布的区别，寻找传统无纺布主要在哪些民族中存在？

任务二

刺　绣

一、刺绣技艺概述

刺绣是在布料上用彩色棉、丝线绣出各种图案花纹的一种工艺，它是民族服饰工艺中表达形象美、材质美、色彩美、纹饰美的艺术珍品技艺。刺绣又名"针绣"、"扎花"，在古代被称为"黹"。据《周礼·春官·司服》记载，周王的冕服中有"衣"，

据郑玄注即"黹衣",就是刺绣的服饰。而《尚书》也记载有帝舜时已用绣制成"宗彝"、"藻"、"火"、"粉米"、"黼"、"黻下"六章的图案,但都没有实物保存下来。考古资料中最早的刺绣痕迹出现在西周。1974年12月,在陕西省宝鸡市茹家庄西周伯妾倪墓室出土的陶片上,出现有明显的刺绣印痕。而在河南安阳出土的殷商时期的青铜器上,也确实出现了刺绣的痕迹。由此说明,我国的刺绣历史源远流长。

各民族刺绣可分为挑花绣、针绣、剪纸绣和补花绣。挑花绣又称"挑织"、"架子花"、"十字绣",是按布纹经纬线交织点用彩色丝或棉线施针绣出各类图案的方法;针绣又称"平绣",是先在色布或绸缎上描绘好图案纹样,或构思腹案,再用彩色丝或棉线按图刺绣的工艺;剪纸绣又称"凸绣",是先把要绣的图案纹样剪出纸样,然后贴在色布或绸缎上,用平针、齐针、扎针、滚针绣成;补花绣又叫"布贴绣",是用各种不同的色布边料或碎块剪贴于服饰底布,再扣针锁边,并按布贴上的花纹用不同针法进行细部加工,增加贴布的牢固性和装饰性的刺绣手法。

二、刺绣技法

1. 平绣

平绣是在平面底料上运用齐针、抢针、套针、擞和针和施针等针法进行的一种刺绣。绣面细致入微,纤毫毕现,富有质感。平绣是用直线组成的绣法,多用于刺绣装饰欣赏品和较高级的日用品。平绣线条的方位、针脚的起落、施线的粗细、角色的繁简,都因物象的不同而有所区别。平绣技法在苗绣中广泛运用,所谓平绣即

▶ 广西壮族妇女围裙 平绣花纹样

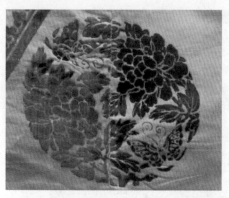 

▶ 清代汉族　平绣右襟女上装（北京服装学院服饰博物馆藏）

指在布坯上描绘或贴好纸模后，以平针走线构图的一种刺绣方法。平绣的特点是单针单线，针脚排列均匀，纹路平整光滑，形式效果着重于图案布局的美观匀称，色调分明，给人以明显的实物感。

2. 打籽绣

北京市丰台区大葆台汉墓曾出土有绢绣残片，上绣的针法就有"打籽绣"，它由"锁绣"发展而来，刺绣时将绣线在针上绕一圈，然后在近线根处刺下，形成环状小结，由于肌理感强，常用于表现花卉、果实。在内蒙古诺因乌拉墓出土的东汉绣品中也有"打籽绣"的踪影。

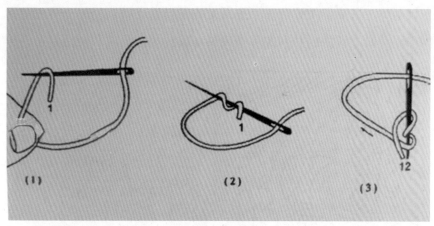

▶ "打籽绣"针法

▶ "打籽绣"效果图

3. 锁绣

锁绣是古代汉族刺绣传统针法之一，由绣线环圈锁套而成，由于绣纹效果似一根锁链而得名。因其外观呈辫子形，故俗称"辫子股针"。河南安阳殷墟妇好墓出土的铜觯，上附有菱形绣残迹，其绣纹为锁绣针法。湖北马山一号楚墓出土的21件绣品、湖南长沙马王堆一号汉墓出土的各种绣件，均为锁绣针法。新疆等地出土的各类东汉刺绣，主要仍用锁绣法。锁绣是我国自商至汉刺绣的一种主要针法，较结实、均匀。一般的针法以并列的等长线条，针针扣套而成。绣法是第一针在纹样

▶ "锁绣"针法

▶ "锁绣" 效果图

的根端起针，落针于起针近旁，落针时将线兜成圈形。第二针在线圈中间起针，两针之间距离约半市分，随即将第一个圈拉紧，依次类推。锁绣现适宜绣制枕套、围嘴和拖鞋等。

4. 辫绣

辫绣，是将若干根色线编成"辫子"，按设计图案回旋于底布成花，平铺于布上，用丝线钉牢即成。辫绣的特点是纹理清晰，走向明朗，给人以一种深沉、结实、粗放、豪迈的感受，图形寓意明确。辫绣方法较为简单，图案设计一般较有寓意，多为吉祥符号，对称装饰于衣袖上，常绣制一些吉祥符号。此绣法也常见于巴拉河畔的其他苗寨。

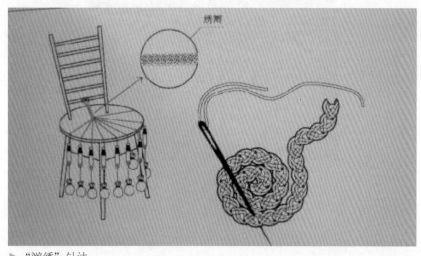

▶ "辫绣" 针法

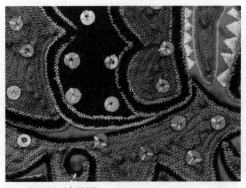 

▶ "辫绣"效果图

5. 贴花绣

贴花绣，也称为贴绣，是用绸缎等材料剪成各种形状的小块，然后拼缀贴布底，组成花纹图案，并用丝线或金银线锁边而成。贴花绣的特点是绣法简单，形式粗犷大方，常用于面积较大的花纹图案。西江苗绣常见变形动植物纹样，图案以块面为主，风格别致大方，现代图案有较多的运用。

▶ 广西天峨壮族布贴绣被面

主要制作过程：主要的绣制技巧是将绘有图案的硬纸板修剪下来，贴在搭配好的色布上，用剪刀在色布上按图案边缘留出一些毛缝修剪整齐，将毛缝包边，形成一块图案，为使贴花绣更富立体感，在覆盖面料和纸板之间用棉花适当填充，用魔芋制的糨糊把图形糊于装饰部位，再在其上绣线固定。

6. 挑花

数纱绣，也叫挑花，方法是数底布的经纬线，用丝线打成十字，再将许多十字连成图案。数纱绣的特点是有规则地挑制成各种几何图案或变形为几何图形的蝴蝶和花卉等，常用作二方连续图案，借助色彩和不规则几何纹样的搭配，达到视觉上的多维空间，形成多视角的图案，形式工整细致、精致细腻。

▶ 挑花绣——广西龙胜红瑶

数纱绣的技巧是绣法简单、细致，必须用自己织的土布来绣，数纱绣不像刺绣那样在绣布上画样或贴纸样，其构图完全依据绣布宽窄在大脑中拟好大致的纹样，然后计算经纬线运针。

数纱绣，分为十字挑花和平挑两种基本技法。十字挑法就是依据绣布上经纬的结构，走出横竖两条基本上呈十字交叉的构图方法，也就是说十字是构图的最基本单位。其他运用十字挑花技法较多的地区是川、黔、滇地区的各支系苗族，尤以贵阳市花溪一带最为著名。平挑，即平面挑花，与十字挑花一样，仍然是依据经纬线结构运针，不同的是它是沿经线或纬线运针，依据构图的需要进、退运针走线。黄平、贞丰、剑河、雷山大塘、黎平尚重、安顺高寨、普定等处最为精细。

7. 锡绣

锡绣可谓是苗绣中的一朵奇葩。锡绣已流传了五六百年，在西江苗绣盛装中能够看到。银白色或黄铜色的锡丝绣在对比色绣线旁，对比鲜明，明亮耀眼，光泽度好，质感强烈，使布料看上去酷似银质，与银帽、银耳环、银项圈、银锁链、银手镯等相配，极其华丽高贵，整体呼应。锡绣工艺特点独特，手工精细，图案清晰，做工复杂，用料特殊，具有极高的鉴赏和收藏价值，主要分布于贵州省剑河县境内的南寨、敏洞、观么等乡镇。锡绣的特点是其图案犹如一座迷宫，变幻莫测，耐人寻味，寓意深刻，充满强烈的神秘意味，图案由于有金属光泽，显得华丽、轻盈，流光溢彩。苗族锡绣与其他民族刺绣的不同之处在于，它不是用蚕丝线而是用金属锡丝条在藏青棉布挑花图案上刺绣而成。

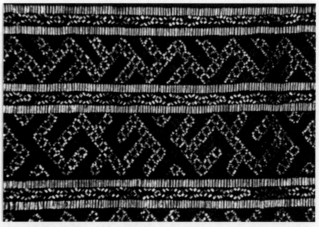

▶ 锡绣绣片

锡绣实际上是一种用料的方法，苗族锡绣以藏青色棉织布为载体，用特制的锡箔剪成宽 1.5 厘米左右的条状，并将边卷合，先用棉纺线在布上按传统图案穿线挑花，然后将金属锡丝条绣缀于图案中，再用红、绿等色丝线在图案空隙处绣成彩色的几何形状，形成黑地银花的绣片，纹样主要有几何纹、"万"字纹和"寿"字纹等。

▶ 锡片绣法

西江锡绣主要用于盛装肩、袖和领上等部位的线条装饰。锡绣底布色彩不太重要，一般全部为绣线覆盖，常搭配绣线为浅湖蓝加单根红色线条，底布材质常为棉、麻布。锡绣常用银白和黄铜色锡丝绣制。

8. 马尾绣

马尾绣是水族刺绣工艺中的特色工艺。水族马尾绣工艺是水族妇女世代传承的、以马尾作重要原材料的一种特殊刺绣技艺，是水族独有的民间传统工艺。一般而言，刺绣一件成品需十多道工序，耗时一个月之久。其独特之处在于取马尾作芯，采用古老的乱针、扎针等刺绣技法。2006年6月，有"中国刺绣的活化石"之称的水族马尾绣被列入中国首批非物质文化遗产名录。

▶ 水族马尾绣背带（广西民族博物馆藏）

水族马尾绣工艺有自己独特的制作技艺与方法。第一步，取马尾3根至4根做芯，用手工将白色丝线紧密地缠绕在马尾上，使之成为类似低音琴弦的预制绣花线。第二步，将这种白丝马尾芯的绣线盘绣于传统刺绣或剪纸纹样的轮廓上。第三步，用7根彩色丝线编制成扁形彩线，填绣在盘绣花纹的轮廓中间部位。第四步，按照通常的平绣、挑花、乱针、跳针等刺绣工艺绣出其余部分。

马尾绣工艺十分复杂，采用这种工艺制作的绣品具有浅浮雕感，造型抽象、概括、夸张。马尾绣工艺主要用于制作背小孩的背带（水语称为"歹结"）及翘尖绣花鞋（水语称为"者结"）、女性的围腰和胸牌、童帽、荷包、刀鞘护套等。虽历经时代和环境的变化，但其造型理念和程式化符号基本没变。马尾绣背带主要包括三部分，上半部为主体图案，由二十多块大小不同的马尾绣片组成，周围边框在彩色缎料底子上用大红或墨绿色丝线平绣出几何图案，而在上部两侧为马尾绣背带手，下半部为背带尾，有精美的马尾绣图案与主体部位相呼应，"歹结"成为通体绣花的完整艺术品。制作这样一件"歹结"要花一年左右的时间。水族中老年妇女制作"歹结"尾花，一般不用剪纸底样，而直接在红色或蓝色缎料上用预制好的马尾绣线盘绣，综合运用结绣、平针、乱针，灵活自如，图案美观耐看。

▶ 水族马尾绣

　　水族认为蝴蝶是他们的祖先，所以在背娃娃的背带上绣上蝴蝶是对祖先的纪念，也是祈求祖先保佑娃娃平安长大。为什么水族能够产生马尾绣，并且这种绣法要用丝线裹缠马尾然后曲折固定成图案呢？这样做可能主要是因为水族有养马、赛马的习俗，马尾绣也就应运而生了。其实，这种以丝线裹马尾制作图案的刺绣方法，有两个较为明显的好处：一是马尾质地较硬，能使图案不易变形；二是马尾不易腐败变质，经久耐用。另外，马尾上可能含有油脂成分，利于保持外围丝线的光泽。

三、民族刺绣品赏析

1. 壮族绣球

　　绣球是壮族古老而独具特色的传统工艺品，也是壮族青年男女表达爱情的信物。其中以靖西县旧州的绣球最为优美，工艺最精湛。绣球一般由 12 片花瓣构成，每片花瓣上使用红、粉红、黄、蓝等不同颜色的布料为底，上用彩色丝线绣以龙凤花卉、飞禽走兽等吉祥性的花纹图案，然后将花瓣贴缝合成球形，上端钉连一条彩带，以便提挂或抛掷。绣球体内包有豆粟、棉籽或谷粒等，可使绣球具有一定的重量，便于提挂或抛掷，同时又隐喻"爱情的种子"、生育和繁衍。近年来，造型优美、工艺精湛、寓意吉祥的绣球已发展成为闻名遐迩的旅游工艺品，成为广西党政部门馈赠国内外宾客的标志性礼品，成为传递和联络友谊的吉祥物。

▶ 靖西绣球

靖西绣球的工艺流程：

材料：各色锦缎、各色绣线、旧布料、硬纸壳、木屑、珠子、流苏、彩带

（1）浆布。用自制糨糊（一般是用淀粉煮熟成透明状）把旧的布料（主要是旧蚊帐和被单的旧料，进一步的废物利用）和各色锦缎粘贴在一起，旧布料多粘几层，粘到有一定的厚度，放在太阳下晾晒至干。

（2）剪裁大小。在浆布完成后，接下来便是花瓣的剪裁，一般浆布的面积比较大，便于制作很多花瓣。花瓣的大小根据所做的绣球大小来剪裁，是在浆好的布上绘画好每一个花瓣的尺寸，一般是用各个尺寸花瓣的模板进行复制，如有 4 寸、5寸、6 寸、8 寸以及更大号的等。

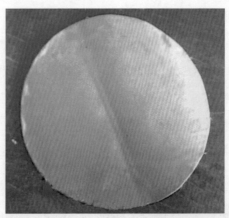

▶ 浆布成品

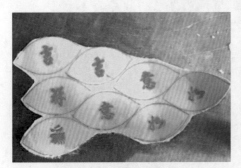

▶ 在浆好的布上绘制绣球花瓣

（3）绘图。绘图是指在花瓣上面画（印）上图案。一般是在裁剪好的花瓣上进行各种图案的绘画或者盖印（复杂的图案是利用拷贝纸手工临摹至花瓣上，简单的花草纹和汉字图案则利用已经刻好了的花草纹印章盖印在花瓣上），由于有些花瓣较小不好进行单个的刺绣，有些较小的花瓣也会先绘图刺绣再进行裁剪。绣球花瓣图案主要是：龙、凤、鹤、松、燕子、喜鹊、金鱼、鸳鸯、牡丹、荷花、牵牛花、菊花、梅花等，以及一些汉字的图样，如"一帆风顺"、"万事如意"、"幸福"、"吉祥"、"友谊"、"发财"等字样。

▶ 在花瓣上绘制图案

（4）刺绣。小型的绣球（30 厘米以下）用各色丝线根据合理的搭配，采用平绣的方法在花瓣布片上面刺绣所绘的图案。大型绣球（大于 30 厘米）在浆布完毕后就开始绘图，放在绣架上绷平，才开始刺绣，多采用平绣的方法。绣球花瓣图案多是采用平绣的方法，在花蕊处使用打籽绣进行突出。另外在制作一些精品绣球的时候也采用了辫绣、堆绣等手法。

▶ 对花瓣进行刺绣

▶ 绣球花瓣的各种图案

（5）制作花瓣。将半圆形浆布的两端接合在一起，装上木屑，再用做好的刺绣花瓣缝合在上面，使其成为一个立体物品。也有用一个圆形的浆布在圆形中线进行缝合，从而形成两个花瓣的立体构造，再分别装上木屑，用刺绣好的花瓣进行缝合，就可以得出两个绣球花瓣。

▶ 缝制立体花瓣

（6）制作绣球。绣球一般有十二个花瓣，三个花瓣作为一个面，用针线拼缝起来成为一个圆形球状体即可。另外，有其他瓣数的，也以同样的方法拼缝起来。同时，缝制花瓣时要注意一般飞禽放在上面，走兽、花朵放在下面，中间一般是汉字的祝福话语。

（7）完善绣球。圆形体绣球制作完成后，此步是对绣球进行装饰。传统的绣球是四周用各色珠子装饰并上垂吊的流苏，上面用一个彩带缝合，以便挂戴。

▶ 靖西绣球王朱祖线在缝制绣球

▶ 大绣球的缝制

▶ 缝制绣球吊穗

2. 背带心

背带，也叫背扇，古代称"襁"，是背负婴儿所用的布兜。在广西山区的田地里，弯弯曲曲的山道上，人群密集的圩场中，到处可以看到用背带背着孩子的母亲。背带腾出了她们的双手去洗衣做饭、纺线织布、耕种收获，也方便了她们翻山越岭、操作农具。背带仿佛是孩子脱离母体之后的第二条脐带，也成了母亲继续孕育出世子女的胎衣。背带里的娃崽，长大了一群，换上另一群，一代又一代，压弯了母亲的脊背，可母亲们无尽的爱，都在这磨破了的花背带里。

民族服饰的配饰制作

▶ 壮族背带心

3. 侗族剪贴绣胸兜

侗族胸兜花图案纹样大多源于侗族生活的自然环境，侗族女性把在自然界

120

可以观察到的花、鸟、鱼、虫等客观存在的事物进行抽象组合，如有抽象变形花草的图案纹样，也有以蝴蝶、锦鸡、喜鹊等动物为主花，配以变形花草纹样的构图。"蝴蝶"多子、"锦鸡"美丽、"喜鹊"吉祥，侗族女子把这些美好的事物刺绣于胸兜花上，不仅是侗族女性魅力的展示，同时也有通过这些图案纹样为媒介祈求幸福美好的愿望，这是侗族自然宗教文化中"万物有灵"观念的物证。随着社会的发展和民族文化间的相互交流，在侗族衣兜上也能够发现汉字装饰，如"福"、"福如东来"、"美丽青春"、"解放"等，根据汉字的意思可以看出，既有对未来的美好追求，也有对社会历史事件的纪念。

胸兜花所处的位置正是胸口处，即胸高点与颈围连接而成的斜面处。这是女性身体中最吸引异性眼光的身体部位之一，侗族衣兜在这里拼贴艳丽亮眼的胸兜花，是侗族女性对自我魅力的展现，是侗族女性求偶的一种隐性表现手法。过去，在侗族地区，侗族女子刺绣技艺是否精湛是侗族男子择偶的一个标准，而侗族女子可以表现自己刺绣技艺的地方就在侗族服饰的衣襟边、袖口、下摆的部位，但这些都是一些细长的局部，能最好展示侗族女子刺绣技艺及构思巧妙的地方就在于侗族衣兜上部这这片较为宽大的区域。侗族胸兜花是侗族衣兜上的点睛之笔，具有装饰审美功能和文化功能。

图 4-46　传统侗族衣兜（广西民族博物馆藏）

侗族胸兜的制作工艺是侗族服饰制作工艺中的一环，也是展示侗族妇女精湛技艺的一个最佳舞台。其中，最为精彩的是侗族胸兜花的制作工艺，侗族胸兜花在制作过程中包含了剪纸、刺绣、拼花等技艺，是各种技艺的融合表现。

侗族胸兜花制作过程如下：

（1）剪纸。制作侗族胸兜花首先是在较硬的纸上剪出制作胸兜花需要的各种花样图案，图案多是花草纹、动物纹样等，动物纹样一般都是和花草纹共同组合构成整幅图案。

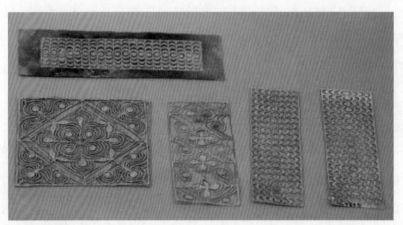

▶ 侗族剪纸

（2）贴花。贴花即是把建好的纸样用自制土糨糊粘贴在各种色彩的缎布上。在一些已经贴好的缎布上再作画，绘制成一幅完成的图案。

▶ 把剪纸贴到缎布上

（3）刺绣。刺绣是在剪贴好的缎布上利用平绣的方法对图案进行包裹时的装饰，由于内部包裹住了一层纸样，因此图案比平绣图案在效果上显得更具立体感。

▶ 侗族胸兜花上的剪贴绣

（4）拼接。在完成侗族胸兜花的中心部分之后，接下来便是对整个胸兜花的拼接过程。拼接过程是在侗族亮布上进行的，用织带、刺绣胸兜花、各色布条按照一定次序拼接而成。底部一般是侗族织带，织带要长宽于刺绣的花样；其上是最为精彩的刺绣花样；往上是一条小的织带；再往上就是各色布条的拼接。在最上部挖出一个半圆形，为脖子的宽度。

▶ 侗族胸兜花（广西民族博物馆馆藏）

4. 布贴绣艺术（水田衣、被面、现代设计作品等）

布贴是用各种不同颜色的碎布拼剪成各种图案，用刺绣的方法，进行细部加工而成。布贴是勤劳智慧的少数民族妇女在农闲时利用边角碎布的创造，其制作工艺比刺绣挑花更加简便。它省工省力而又美观大方，深受壮族人民的喜爱。布贴其实是一种实用的民间美术，是妇女对日常衣物等纺织用品的装饰和美化，主要用于小孩背带、被面、小孩帽子等物品。

▶ 水田衣

▶ 布贴作品（拍摄于夫子庙）

▶ 壮族剪贴绣被面

▶ 壮族布贴绣花窗幔

● **思考与练习**

（1）思考每种刺绣手法所具有的艺术特征。

（2）我国最早出现的刺绣实物是在哪里？

（3）在苗族配饰中主要运用了什么样的刺绣手法？

任务三

印染技艺

一、印染技艺概述

中国古代为织物染色的着色剂分为两大类，即植物染料和矿物颜料。以植物染料施染的工艺称"草染"，以矿物颜料施染的工艺称"石染"。中国古代染色工艺的特点是以植物染为主。中国古代常用的植物染料有几十种，不仅有植物的叶子、根部、茎部，而且有果和花。根据不同的染料特性而创造的染色工艺更加丰富，如直接染、媒染、还原染、防染、拨染、套色染等。

▶ 蓝靛草——植物染料

▶ 蓝靛染料

▶ 唐代 绿地染缬（中国国家 博物馆藏）　　▶ 唐代 棕色地印花绢（中国国家博物馆藏）

二、印花技艺

　　南通蓝印花布印染技艺作为第一批入选国家级非物质文化遗产名目的传统技艺，必然具备其独特性和代表性。它的独特性在于纸版刮楽防染技术，这种防染技艺有别于中国三大传统染缬技艺。同时，南通蓝印花布印染技艺也代表了采用纸版刮衆印染技艺的最高水平。

▶ 蓝印花布

南通蓝印花布印染技艺产生的前提是蓝色染料植物的种植。南通种植蓼蓝开始于明末清初之时，广州布商传来了蓼蓝种子，南通的染坊和蓝靛制作工艺才慢慢地发展起来。

南通蓝印花布的花版制作间接吸收了夹缬花版的制作技艺，南通蓝印花布和夹缬的花版都是使用镂刻的手法制作，不同之处是南通蓝印花布使用花版镂空的地方显花纹，夹缬则使用镂空的地方显底色。同时，南通蓝印花布使用纸花版，而夹缬使用木花版。夹缬在唐代民间染坊中非常盛行，宋代禁止民间夹缬后才出现了"药斑布"，工艺总是具有一定的继承性，夹缬中使用的雕花版工艺必定会影响到"药斑布"的花版制作。因此，"药斑布"在防染工艺上继承了夹缬防染工艺，在花版制作上则继承了夹缬花版雕刻工艺，南通蓝印花布则是在"药斑布"的基础上发展起来的。

三、扎染技艺

扎染又叫"疙瘩染"，染出的花布叫"疙瘩花布"。染的方法是先按花纹设计的要求，把"花"的部分即不受色的部分加以重叠、捆绞，用线缝紧或扎紧呈疙瘩状，然后投入靛缸浸泡，一般是每经一昼夜即取出晒干，再置入染缸浸泡，如此反复，每经一次色深一成。然后，漂水晾干拆除线疙瘩，被扎紧的部分因未受染而成白色，线缚松散部分染色渗浸形成过渡色。染布色晕朴实无华，层次分明，独具艺术效果。

扎染中最有名的是大理白族的扎染。2006 年 5 月 20 日，大理白族扎染技艺经

国务院批准列入第一批国家级非物质文化遗产名录。2007 年 6 月 5 日，经国家文化部确定，云南省大理市的张仕绅为该文化遗产项目代表性传承人，并被列入第一批国家级非物质文化遗产项目 226 名代表性传承人名单。大理白族地区的扎染原料为纯白布或棉麻混纺白布，染料为苍山上生长的廖蓝、板蓝根、艾蒿等天然植物的蓝靛溶液。工艺过程分设计、上稿、扎缝、浸染、拆线、漂洗、整检等工序。制作时，根据人们喜欢的花样纹式，用线将白布缚着，做成一定襞折的小纹，再浸入染缸里浸染。如此反复，每浸一次色深一层，即"青出于蓝"，浸染到一定程度后，取出晾干，拆去缬结，便出现蓝底白花的图案花纹。这些图案多以圆点、不规则图形以及其他简单的几何图形组成。

白族扎染取材广泛，常以大理的山川风物作为创作素材，其图案有苍山彩云、洱海浪花、塔荫蝶影、神话传说、民族风情、花鸟鱼虫等，妙趣天成，千姿百态。用户可根据各种图案的扎染布制作衣裙、围腰、床单、窗帘、桌椅罩等生活用品。

扎染工艺大致分为扎花、浸染两个流程。

1. 扎花

以传统的手工纺织原色（白布）"土布"为载体材料，以手工缝缀为主，进行缝扎结合。手工缝缀是形成图样的主要工序，对于传统妇女而言，图案是她们从小的传承，信手拈来。但是现代的传承由于各种因素，大部分是先在白布上绘制好图案再进行缝扎结合。

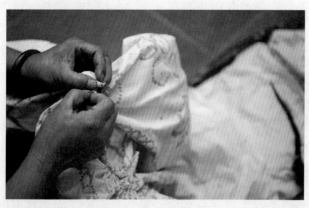

▶ 手工扎花

2. 浸染

浸染的染料多为天然生长的蓼蓝、板蓝根、艾蒿、核桃皮、黄梨皮等植物的溶液，按照一定的比例配方调和成染料。浸染采用手工反复浸染冷加工工艺。先将扎花完毕的布匹用清水反复浸漂后，浸入染缸，再根据花色、图样明暗的艺术需要，进行不同层次的多次浸染。经反复多次浸染后，取出漂洗、晾干，随后缬结、整合熨平，便成为各具花色的扎染布了。

▶ 浸染缸、浸染池

▶ 浸染之后的扎结

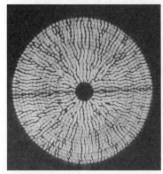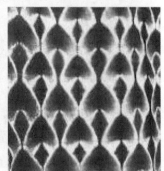

▶ 扎结打开之后的浸染效果

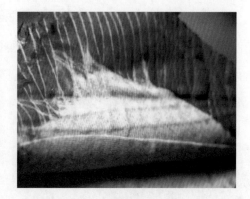

▶ 扎染布

四、蜡染技艺

蜡染古称"蜡缬"，也是一种古老的防染工艺。蜡染是以蜡刀将蜂蜡涂于布料，经染、漂，再将涂蜡部分除蜡留白而成为花布的工艺。蜡染因涂蜡冷却而脆裂，花布纹样会出现粗细、深浅、长短不同走向各异的裂纹，或规整，或分散，或具象，或抽象，给人以神秘、变幻莫测的异样效果。

▶ 壮族扎染床单（广西民族博物馆藏）

　　在少数民族蜡染中，以苗族蜡染最为盛名。苗族蜡染有着悠久的历史，《后汉书》上有西南夷"知染彩纹绣"的记载，这说明至少在汉代，西南少数民族就已经掌握了染、织、绣的技能。在苗族中，有关蜡染起源的传说有两种。一是苗族先祖蚩尤与黄帝战斗、蚩尤被俘并处以极刑的故事，由此产生了"枫液作防染剂"的染法。二是苗族中流传着蜡染"最早是对铜鼓上的纹样的摹取，做法是将布蒙在铜鼓上，用蜡在布上来回摩擦，再经过染，铜鼓上的纹样就转移到了布上，这种做法有点像制拓片。之后又改用木板镂空来摹取铜鼓纹样，然后把木板放到白布上，将蜡液倒进镂空的图案中再进行靛染，这种方法类似于在衣服上印字。蜡染直到后来才变成使用铜片制成的蜡刀沾上熔化的蜡液直接在布上绘制。这种方法把蜡染直到从复制变成了创作，充分发挥了蜡染工具自身的优势，体现出蜡染的材质美，因而这种制作方法一直沿用至今"。

　　四川、贵州、云南地区的苗族蜡染，常简称为"川黔滇苗族蜡染"，将其融为一体研究，可能是因为有其共性的特征。川、黔、滇地区的苗族妇女，服装使用蜡染十分普遍，衣、裙、围腰以及其他棉织生活用品，几乎都有蜡染制品。这种现象与苗族崇尚蜡染有关，他们以拥有多而精美的蜡染品为富为德为美，许多支系不仅在祭祖、婚丧、节日等重大场合都以蜡染为饰，而且生活中也离不开小巧精致的蜡染品。"川黔滇苗族蜡染"，用一种特制的蜡刀点蜡，以蜂蜡熔汁绘花于白布上，染色后取出煮于水中，蜡去则花现。制作方法是先将白布平铺于案上，再将蜂蜡置于

▶ 广西南丹中堡苗族蜡染绘制场景

▶ 广西隆林苗族晾晒蜡染布

▶ 苗族蜡染

小锅中，加温升到 60℃~70℃时，蜡熔化为液状，即以铜蜡刀蘸蜡汁画在布上。有经验者凭自己的观察以定温度，而初学的绘者，不易凭观察以定温度，只好将画布置于膝上，凭皮肤的感觉以判断温度是否适宜。苗族妇女蜡绘，一般小打样，只凭构思绘画，也不用直尺和圆规，所画的对称线、直线和方圆图形，折叠起来能吻合不差；所绘花鸟虫鱼，惟妙惟肖，栩栩如生。绘成后，投入染缸渍染，染好捞出用清水煮沸，蜡熔后即现出白色花纹。

在苗族蜡染中，最具代表性的是贵州丹寨、黄平、安顺、榕江苗族的蜡染。丹寨苗族蜡染风格古朴、粗犷、奔放，纹样一般是动植物的变形，多以变形的花鸟鱼虫为主体，显得既抽象又不失具象。丹寨蜡染除大量用于服饰外，还用作被面、垫单、帐沿和包袱布等以及民俗活动中。丹寨苗族祭祖时，要穿特制的蜡染衣，叫"祭祖衣"。在 13 年举行一次的祭祖节——牯藏节上，要挑起数丈长的幡，其上装饰着蜡染的纹样，多为龙纹，它向人们昭示了苗族的龙图腾崇拜。苗族的龙纹与汉旗不同，苗龙无尖利的爪和牙，形态优美，观之可亲。黄平苗族蜡染工整、细密、精致，构图严谨，一般面积较小，纹样是由经过高度程式化处理的动植物纹和几何纹相互穿插而成的，除用于服饰外，人们还拿它做书包、枕巾、盖蓝布和手巾等。安顺苗族蜡染多用几何图形，精工细作。榕江苗族祭鼓社，要用彩蜡绘制十面旗幡，飘飘屹立于仪仗队之前。

● **思考与练习**

（1）传统植物染料和矿物染料分别有哪些？
（2）印染、扎染、蜡染的艺术审美特性是什么？
（3）尝试运用扎染技艺制作一款现代饰品。

任务四

首饰技艺

一、首饰技艺概述

首饰技艺是传统金工艺术中的一种。金工艺术是指以金属为原材料，以金属加工为主要手段的艺术创作。金工一词源于《礼记·曲礼下》："天子之六工曰：土工、金工、石工、木工、兽工、草工，典制六材。"主要是以金属加工为主的工艺，亦意指从事该工艺活动的主体——人。金工艺术品从产品类型上看主要有三大类：一为首饰制作类；二为实用品制作类；三为陈列品类（俗称"摆件"）。这三种类型虽然造型与用途不一，但从原材料、工序、工艺特征等来看，它们都具备相同的特点。

"首饰"一词本源于《后汉书·舆服志》，意指鸟兽冠角、髯胡之制，初被引申为服饰之物，至宋又被称为"头面"。在中国古代传统首饰制作加工中，其原材料以金、银、铜、锡为主，虽也有用通体玉石而作的首饰杂项，但并非首饰工艺之主流。传统首饰工艺是指以金属工艺为主的传统首饰加工工艺，将其划分至传统金工之下是目前业界共识。

所谓传统工艺，一般来说包含三层意思：一是历史悠久；二是采用天然材料；三是手工操作，不借助现代科技。其中有些属于"正统"的传统技术，有些则属于来自民间的手工艺，故民艺产品也足以体现"历史悠久"这一传统工艺的特点。这些传统工艺的用材包括金、银、铜金属矿物质及玛瑙、娥瑙、翡翠、玉石、鸟羽、釉料等装饰用材。

卢梭在《爱弥儿》中曾说，在人类所有的职业中，工艺是一门最古老、最正直的手艺。早在原始社会中，氏族部落就已经有了专门从事手工艺生产的群体，并运用其聪明智慧创造出令人惊奇的原始工艺品。在重农抑商的中国封建社会，手工艺群体特别是金工手工艺群体被视为上层阶级的从属者，成为上层阶级用装饰的外衣塑造社会等级意识与文化观念的工具。可以说，工艺群体是统治阶层重器尊道的牺牲品，也是反映时代生活、投射社会意识的文化创造者。传统金工艺术是中国传统工艺文化的延伸。

民族的首饰工艺种类繁多，加工方式也很多样，主要的工艺有：捶打、锻打、花丝、编织、镶嵌、焊接、打磨、点蓝、点翠、电镀、贴金、金水、鎏金银、乌铜走金等。最常见的是银饰制作技艺、烧蓝工艺和錾花工艺。

二、银饰制作技艺

银是民族服饰配饰中最为常见的一种材质，因其价格低于金而流行于更多的民族服饰之中。银饰是民族服饰配饰中最为常见的配饰材料，尤其是在苗族服饰中，银饰是苗族服必不可缺的配饰，每一个苗族女子都有父母为之打造的银饰嫁妆，在各个苗族支系的盛装中，银饰都是最亮眼的配饰。

由于苗族人对银饰的偏爱，千百年来培育出了苗族银饰精巧的制作工艺，并产生了一批技艺娴熟的银匠。

银饰的制作工艺过程如下：

（1）熔银：任何一款精美的银饰品制作都要从熔银开始。先将碎银子放在小坩埚内，用焊枪对坩埚内的碎银子进行加热，加热的同时，放入少许硼砂，硼砂会溶解掉银子表面的氧化物，使银子更为纯净，并帮助银快速熔化。硼砂要分多次加入。银的熔点为960℃，当坩埚中的碎银子加热达到960℃以上的高温时，便开始熔化了。

▶ 老银块

（2）浇铸毛坯：将银水倒入铸铁的油槽（模具）中，制成银毛坯。

▶ 首饰模具

（3）打叶、出条、拉丝：根据需要把银毛坯加热用铁锤在铁砧上打成薄片叫"打叶"；把银毛坯搓成圆柱叫"出条"；把银条用专用工具拉成丝，叫"拉丝"。这

▶ 穿入拉线板的银丝

▶ 拧丝

套工序是掌握好火候则容易成型。过热，银子容易融化；过凉，打制困难。银片用来做银牌、银铃铛等。银条用来做银项圈、银手镯、银脚环等。银细丝用来做银项链、银花饰等。

（4）冲压出形、定型：把银片放在用锡制成的模具中，用铁锤敲打，冲压出银器的基本轮廓，此工序也叫"括形"。在冲压出银器的基本廓形之后，还需要一个对银器进行定型的步骤，以此加强银器的基本型制。有些不需要模具的银器，如基本款的银手镯，即可在捶打或拉丝之后直接进行定型。

▶ 定型

（5）錾花：用专用的圆头、平头、月牙头、空心头、尖头等小钢钎及相关工具在银器大形上砸出水鸟花，福禄寿喜等各类花纹即为錾花。这一道工序是银器制作工艺中最复杂、技术含量最高的环节。花形图在匠人的心里，心到手到，心手合一，一幅精美的图画便雕在银器的大形上。

▶ 錾花

（6）焊接：按照银器的形状需要，把相关的部件焊接起来，装饰上花纹即为焊接。焊接时蘸上硼酸水加上焊片，点上煤油灯，用吹筒吹火苗加热即焊接成功。

（7）打磨、抛光：把成形的容器放在响铜制成的小砧子上，用小榔头轻轻敲打，用钢锉打去毛边，使银器表面光滑发亮，为打磨、抛光。

▶ 焊接

▶ 打磨

▶ 抛光

（8）清洗、烤干：清洗、烤干是将焊接好的器物放入加有明矾的水中进行煮银的工序。明矾俗称白矾，有较强的吸附性，不会和银产生化学反应，能将杂质洗去，使银器显得更白，同时在清洗之后进行烤干，进而将完成一件银饰品的制作。

▶ 烤干

三、烧蓝工艺

烧蓝是我国传统的首饰工艺之一，由于这种"蓝"只能烧制在银器表面，因此也称为"烧银蓝"。烧蓝工艺又称点蓝工艺、烧银蓝、银珐琅，是以银作胎器，敷以珐琅釉料烧制成的工艺品，尤以蓝色釉料与银色相配最美而得名。烧蓝工艺不是一个独立的工种，而是作为一种辅助的工种，以点缀、装饰、增加色彩美而出现在首饰行业中。银蓝的色彩具有水彩画的透明感，别有情趣。烧蓝的"蓝"是烧制后形成的类似低温玻璃的块料。

▶ 烧蓝银手镯

▶ 苗族烧蓝银胸吊牌局部
（广西民族博物馆藏）

烧蓝是将整个胎体填满色釉后，再放到炉温大约 800 摄氏度的高温炉中烘烧，色釉由砂粒状固体熔化为液体，待冷却后成为固着在胎体上的绚丽的色釉，此时色釉低于铜丝高度，所以需再填一次色釉，再经烧结，一般要连续四五次，直至将纹样内填到与掐丝纹相平。

烧蓝工艺一般包括以下步骤：

（1）制器：将银板锤成或制成器胎，胎面上有银丝掐出的各式花纹图案，并焊接成型。

（2）一次清洗：将银胎置于一份硝酸钠溶液中（硝酸钠与水的比例为 1∶10）。

（3）烘干并加热：将银胎放入电烤箱内烘干，并加温至 700℃，待银胎整体烧成红色后取出。

（4）再次清洗：将烧成红色的胎体放入配比好的稀硫酸溶液（硫酸与水的比例为 1∶10）泡或煮 3~5 遍，直至胎体和纹样焊接处，胎面及花纹上的污垢全部清洗干净。

（5）敷点釉料：在干燥的胎面和纹样上敷点釉料。

（6）烧制：将敷点釉料的胎体放入炉火中烧制成器。

四、錾花工艺

錾花是指通过锤子和錾子在比较光滑平整的金属正反两面进行敲击，形成肌理及线条、浮雕或凹雕等表面效果，实现精细复杂图案的一种金银细工工艺。錾花是一项古老的工艺。此种工艺始于春秋晚期，盛行于战国，至今依然为匠师们沿用。与雕刻不同，在錾花过程中并无金属材料被削掉。錾花工艺服务于两个目的，其一，制作仅从正面敲击的錾花金属首饰；其二，当从背面敲击做成浮花制品后，再从正面敲击以增强其效果。

錾花工艺的历史可以上溯至青铜时代，在不同的时代，亚述帝国、美索不达米亚、希腊、罗马、尼泊尔、印度、中国以及欧洲洛可可时期，都出现过优秀的錾花工艺作品。錾花工艺的显著优势在于制作者对视觉语言的运用及把握明暗变化的水平，最终决定作品呈现出来的神韵和面貌。而大多数金属工艺制作出来的效果由制作工具的用途决定，仅能够体现出制作者对工艺的熟练程度，不易体现出制作者本身的审美能力。

　　錾花工艺制作流程及其工具：

　　錾花的制作流程一般分为五个步骤：勾、抬、踩、脱、戗，制作工具主要分为两种：锤子和錾子。

▶ 錾花工具

　　锤子：一般按照锤头的磅数和不同工艺阶段划分，重磅数的锤子一般用于起大形，轻磅数的锤子一般用于制作细节。木锤一般用于器皿整形，踩光锤用于器皿最后的踩光和出亮。

　　錾子的分类：

　　（1）直口錾、弯口錾。直口錾分为薄刃直口錾与厚刃直口錾，薄刃直口錾主要用于刻、勾较硬挺的线条；厚刃直口錾主要用于压边踩跟，平整纹样边缘。弯口錾用于刻、勾蜿蜒流畅的曲线。

　　（2）起形錾。錾头的面积相对较宽大，表面相对平整光滑，主要用于抬压步骤，制作整体的凹凸效果。

　　（3）弯钩錾。用于刻、勾弯曲的短线。

　　（4）踩平錾、沙地錾、套珠錾。踩平錾用于从器物正面将纹样及底子规整平滑；沙地錾用于在底子上制作磨砂效果；套珠錾用于制作满地珍珠的效果。

　　（5）脱底錾。用于制作镂空錾花纹样，待整体纹样制作完毕后，使用錾口锋利如刀的脱底錾，在胶版上快速敲击需要镂空部分的边缘线，使其与整个纹样脱离。

　　（6）戗刻錾。戗刻錾与直口、弯口錾的区别在于，后者是在金属表面上通过细微的延展，留下线条，戗刻錾是将金属表面进行细微的雕刻，将线条中多余的金属戗起来，留下深刻光亮的线条效果。

（7）异型錾。主要用来制作比较固定的纹样，如鱼鳞錾、松针錾、海牙錾、梅花錾等，用于装饰器物表面需要重复的细节。

錾子的制作过程分为三步：

（1）制作錾坯，材质以碳素工具钢为佳。将錾坯退火，烧至通红后，锻制成上粗下细的正方形錾坯。锻造过程中可以将钢里面的杂质去除，消除应力、细化晶粒、降低硬度和脆性，提高韧性。在锻造过程中需要不断地退火。

（2）将锻造好的錾坯的氧化皮和锤痕锉掉，在整出大形后，再用小锉开錾口，需使用小板锉、半圆锉、圆棍锉等，套珠錾、沙地錾的制作工艺比较复杂。

（3）淬火。将錾子的两头烧红，快速浸入煤油或冷水中，增加金属的硬度和耐磨性。

目前，中国的錾花工艺主要在西藏、贵州、广西、云南等少数民族地区继续保留和传承着，但是由于工序比较复杂，对制作者的能力要求相对较高，因此工艺的传承也出现了很多的问题。

▶ 傣族錾花银腰带模具

▶ 傣族錾花

▶ 壮族錾花银手镯（广西民族博物馆藏）

▶ 壮族錾花银配饰（广西民族博物馆藏）

● **思考与练习**

（1）了解传统首饰制作技艺技法有哪些。

（2）选择一款你喜欢的传统首饰，对此进行技艺分析。

（3）思考：为什么苗族银饰制作技艺能够流传下来。

项目五
民族服饰的配饰精品欣赏

任务一
国内精品

一、苗族银饰

▶ 苗族银头饰、胸饰、项饰、身饰、手饰

143

▶ 苗族银头冠和身饰

▶ 苗族银牛角冠饰

▶ 苗族银胸饰

▶ 苗族福寿康宁童帽帽花、湘西苗族儿童银饰绣花棉帽（湖南省博物馆藏）

▶ 湘西苗族接龙帽（湖南省博物馆藏）

▶ 苗族狮子滚绣球形银帽花、苗族蝴蝶花戒指（湖南省博物馆藏）

▶ 贵州施洞苗族乳钉纹银手镯（贵州省民族博物馆藏）

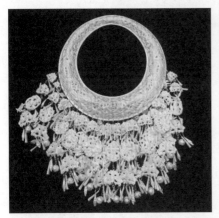

▶ 银项圈、银凤冠（贵州省民族博物馆藏）

▶ 贵州丹寨苗族吊穗银插针（贵州省民族博物馆藏）

二、侗族银饰

清末侗族儿童菩萨帽为深紫棉布帽面，深蓝棉布帽里。帽形呈狗头状，帽面上满缀银片。前沿饰一排 9 个饱满祥和形态各异的菩萨，并有四块五边形银片，上刻"长命富贵"四个字。帽顶上有两耳，饰六瓣花纹和蝴蝶纹银片。帽后缀三块银片，为狮子图形，下吊有小铃铛。菩萨帽采用浮雕、焊、捏、锤钻、编织等各种技法，制作工艺复杂精细，构思巧妙，是研究通道侗族银器工艺较珍贵的实物。

▶ 清末侗族儿童菩萨帽（湖南省博物馆藏）

▶ 侗族景泰蓝银吊挂（湖南省博物馆藏）

▶ 侗族银项圈（广西民族博物馆藏）

▶ 侗族银手镯（广西民族博物馆藏）

▶ 侗族银发簪（广西民族博物馆藏）

▶ 贵州天柱侗族银凤冠（贵州省民族博物馆藏）

▶ 贵州天柱侗族狮子戏球银配饰（贵州省民族博物馆藏）

　　侗族银发簪式样繁多，题材以花、鸟、蝶为主。就风格而言，有的发簪纤巧细腻，灵秀生动；有的发簪古拙朴实，浑厚凝重，各具特色。

▶ 天柱侗族菊花银发簪（贵州省民族博物馆藏）

▶ 侗族银项饰

三、瑶族头饰

　　下图中的凤冠为银制，由一个冠顶、两个头围、一件挂牌组合而成。佩戴时两头围分上下两层紧置于冠顶的下方，并可依戴者头部的大小进行调节，挂牌挂于冠顶的下沿置于戴者脑后。冠顶上镶有银凤五只，其中一只居于中央，其余四只绕于四周。冠顶上满饰小银鸟，两侧各缀一扇形银饰。二头围的整体纹饰以凤为主，以龙为辅，呈现出凤在上，龙在下的布局。凤嘴叼银丝，银丝可垂至脸部。凤冠上满饰五彩小绒球。挂牌由三块大小相同的银牌用银链连接而成，银牌上饰吉祥图案。挂牌的下端配以银铃，随头部的摇动银铃会发出悦耳的响声。凤冠是湖南平地瑶族新娘的头饰。

▶ 湖南瑶族新娘银凤冠（湖南省博物馆藏）

▶ 云南瑶族头帕

▶ 广西瑶族头帕

▶ 云南瑶族头饰

▶ 湖南瑶族头饰

▶ 云南瑶族童帽

▶ "蓝靛瑶"头饰

▶ "坳瑶"竹壳头饰

▶ 瑶族头帕（湖南省博物馆藏）

▶ 瑶族头帕（湖南省博物馆藏）

四、毛南族花竹帽

▶ 手工编织毛南族花竹帽

▶ 花竹帽编织

▶ 毛南族花竹帽

▶ 毛南族花竹帽

▶ 花竹帽

五、汉族荷包、褡裢、香包（中国丝绸博物馆藏）

▶ 彩绸绣石榴花虫荷包

▶ 粉缎圈金绣螃蟹荷包

▶ 红缎地彩绣多子多福荷包

▶ 黑缎衣线绣花鸟花瓶形香袋

▶ 红缎三蓝绣花蝶钱袋

▶ 黄缎绣福寿荷包

▶ 白绸绣花鸟钱袋

▶ 平金绣花蝶鸟褡裢

六、壮族绣球

▶ 壮族少女与绣球

▶ 精品绣球

▶ 绣球堆绣花瓣：牡丹花

▶ 各式绣球

七、苗族刺绣片

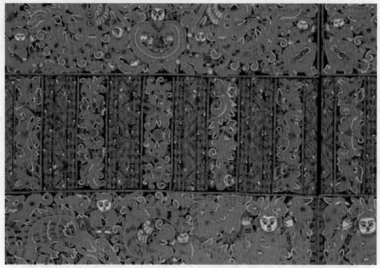

▶ 贵州施洞苗族衣服绣片（贵州省民族博物馆藏）

　　施洞苗族衣服绣片，以破线绣为主要工艺。"蝴蝶妈妈"的形象为人头蝶身，苗族称为"妹榜妹留"，是苗族传说里苗族人共同的祖先。服饰上的蝴蝶图案体现了人们"祈求蝴蝶妈妈庇佑"的心态，对"蝴蝶妈妈"的敬仰成了苗绣里永恒的主题。

▶ 台拱苗族辫绣双龙纹绣片（贵州省民族博物馆藏）

▶ 西江苗族绉绣蝴蝶纹绣片（贵州省民族博物馆藏）

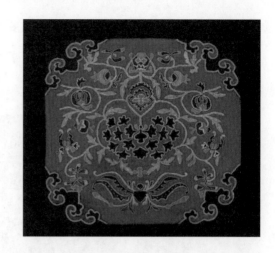

▶ 苗族背带绣片（贵州省民族博物馆藏）

▶ 丹寨苗族围腰绣片（贵州省民族博物馆藏）　　▶ 花溪苗族衣服绣片（贵州省民族博物馆藏）

八、仫佬族刺绣

▶ 仫佬族刺绣背带心（罗城仫佬族博物馆藏）

▶ 仫佬族刺绣背带心（罗城仫佬族博物馆藏）

▶ 仫佬族刺绣背带心（罗城仫佬族博物馆藏）

▶ 仫佬族妇女手绣作品　　　　　▶ 仫佬族绣片

▶ 仫佬族妇女手绣背带心

九、其他精品

下图为苗族妇女手腕饰品，1950 年制作，征集于云南省文山壮族苗族自治州，银质，镯造型内平外凸，空心，面上镂空雕花，有花卉、鳞纹、云纹等图案，左右手皆可佩戴，重 89 克。

▶ 苗族手镯（云南民族博物馆藏）

▶ 锡伯族妇女银头饰（民族文化宫博物馆藏）

▶ 傈僳族珠帽

▶ 彝族银领牌

▶ 普米族耳饰

▶ 纳西族戒指

▶ 藏族压花银盾

▶ 达斡尔族铜簪

▶ 蒙古族"森头"　　　　　　　　　　　▶ 珞巴族铜腰带

何家村一共出土 10 副玉带，其中 9 副分别放在 4 件银盒里，盒盖上都有墨书记录着玉带的玉色、名称、形制和组成数量。

▶ 骨咄玉带（陕西历史博物馆藏）

玉带是指镶缀有玉片的腰带，由带扣、带跨、带鞓（tīng）和铊（tā）尾组成。带扣和铊尾类似于我们现在的皮带扣和皮带尾部的装饰，位于皮带的两端，鞓是指皮质的腰带，带跨也称为带板，镶缀在鞓上，形状有方形、半圆形等，有的带跨上还有孔或者附环，用来悬挂物品。

何家村唐代窖藏共出土两副玉臂环，出土时装在莲瓣纹银罐内，从器盖墨书"玉臂环四"可知唐代对它的称谓。这件玉臂环由三段弧形白玉衔接而成。以金合页将三段弧形玉连接在一起，每段玉的两端均包以金制兽首形合页，并以两枚金钉铆接，节与节之间由三个中空穿扣合，穿内用小金条作辖相连，可以自由活动。其中以金针为插销式，销钉可以灵活插入或拔出，以便关闭和开启，便于佩戴。虎头用金片采用錾刻、锤击制作而成。虎头内侧用两颗铆钉铆接，构思巧妙，制作精细。利用黄金、白玉、珠宝三种不同材料不同的质地、色彩、光泽互相衬托，交相辉映，使玉臂环更显华贵富丽。"金镶玉"寓意为"金玉满堂"，象征着财富和才学，在唐代文物中十分罕见。从文献看，玉臂环似乎不是唐代本土的产物，可能为进贡品或从对外战争中所得。

▶ 镶金白玉臂环（陕西历史博物馆藏）

冬朝冠，清，高 30 厘米，冠顶直径 26 厘米，冠口直径 16 厘米，清宫旧藏。此冠为圆形卷檐式，顶缀红绒，沿镶黑色薰貂皮，里衬红布。冠顶正中铜镀金累丝顶子分 2 层，每层凤 1 只，各承托大珍珠 1 颗，冠顶端饰粉红碧玺 1 颗。顶子四周

▶ 冬朝冠（故宫博物院藏）

满缀红绒，红绒上立桦树皮镀银凤 5 只，后饰金翟 1 只。每凤饰猫眼石各 1 颗和小珍珠各 30 颗（其中头顶 1 颗；眼 2 颗；下颌 1 颗；背 4 颗；翅 2 颗；尾 20 颗）。冠后部垂青色丝绦一束、黑色薰貂皮护领一张，并垂珠"五行二就"，垂珠的中部缀两块各镶嵌 6 粒珍珠的金累丝青金石结，末端缀红珊瑚坠。从顶子和凤的数目来看，这应是皇帝的妃子冬季戴的朝冠，但是"五行二就"的形式却是皇后或皇太后朝冠所享用的等级标志。

金龙形帽顶，清，长 6.5 厘米，宽 3.4 厘米，帽顶椭圆形，镂空錾一龙纹，龙回首，口衔东珠一颗，四足立于云中，尾部高高翘起，身前及两侧各嵌东珠一颗，座及边沿均錾云纹。

▶ 金龙形帽顶（故宫博物院藏）

红色缎绣花卉高底鞋，清道光年间，高 17 厘米，长 19.5 厘米，清宫旧藏，清代后妃用鞋。鞋面为红色缎，五彩丝线以齐针绣各种花卉，绿色缎及小花绦带做装饰，颜色鲜艳，鞋样漂亮。受清代满族削木为履风俗的影响，鞋跟为木质，外裱一层白色棉布，鞋缝百衲布鞋底，鞋帮与鞋跟之间压棕色棉布条一道。

▶ 红色缎绣花卉高底鞋（故宫博物院藏）

● **思考与练习**

（1）寻找一件你认为是国内民族服饰配饰精品的物品，对此进行个案分析（如审美特征、款式造型、制作技艺等）。

（2）以某件精品配饰为基础元素进行现代审美的再设计。

任务二
国外精品

一、古罗马首饰

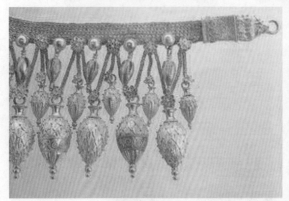

▶ 古罗马首饰

二、古埃及首饰

古埃及首饰色彩艳丽，制作精美，代表了当时杰出的、令人惊叹的首饰加工水平及设计师非凡的创造力。金黄色是埃及首饰最主要的颜色，如同耸立在埃及广袤大地上的金字塔一样，让人感到皇族的奢华高贵和神圣不可侵犯的无上权威。

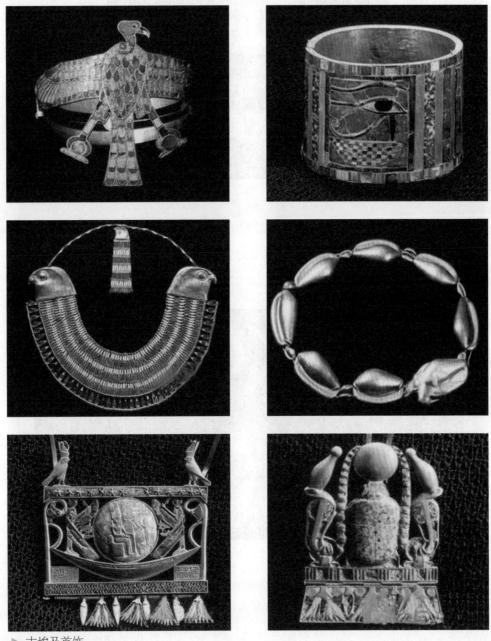

▶ 古埃及首饰

三、其他配饰

古希腊时代象征爱情的戒指大多数就是朴素的环状，由铜、金、银制成，戒面雕刻有徽章或家族标志，或者索性就没有戒面。

▶ 古希腊时代的戒指

古罗马时代情人们互赠的戒指还未镶嵌宝石，而是在金属戒面上刻有钥匙图案，有的代表打开爱人的心扉；也可解释为信任的象征，寓意妻子可以分享丈夫的一半财产。

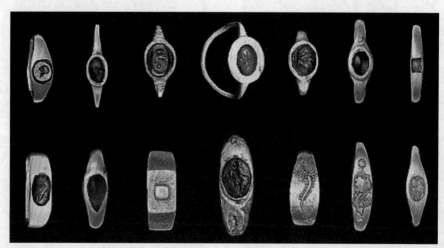

▶ 古罗马时代的戒指

下图的 18K tubogas 双色金项链由 6 条相连的带子组成，中心饰有三枚古董银币，画面为公元前科林斯 4 世纪，绘有雅典娜的头盔头部和飞马泊伽索斯，设计于1970 年。4000 年前的古罗马时尚如今仍令人心醉，古罗马的首饰更多的是金属、宝石、琉璃，这些古罗马的首饰大多造型简洁大方、款式接近于现代首饰，这也和当时罗马崇尚以白色为主调的简洁的宽松长袍服饰相得益彰。

▶ Bulgari MONETE 珠宝

● **思考与练习**

（1）国外精品配饰与国内精品配饰的不同表现在什么方面？

（2）不同文化下的配饰精品各有什么特征？请举例说明。

参考文献

[1] 祁庆富. 中国少数民族的帽子 [J]. 商业文化，1998（3）：45-46.

[2] 祁春英. 中国少数民族头饰文化 [M]. 北京：宗教文化出版社，1996.

[3] 管彦波. 中国头饰文化 [M]. 呼和浩特：内蒙古大学出版社，2006.

[4] 夏梅珍. 浅谈头巾的象征性表达的发展和演变 [J]. 广西轻工业，2009（3）.

[5] 杨源. 头上的艺术——少数民族头饰初探 [J]. 饰，1995（1）.

[6] 杜筱莹，徐建德. 云南少数民族包的文化符码研究 [J]. 大众文艺，2014（6）.

[7] 戴云婷. 少数民族首饰文化 [J]. 上海工艺美术，2002（8）.

[8] 高芯蕊. 中西方首饰文化之对比研究 [D]. 中国地质大学硕士论文，2006.

[9] 徐占焜. 中国少数民族首饰文化的五大特色 [J]. 中央民族大学学报（哲学社会科学版），2002（2）.

[10] 邵靖. 云南少数民族包的文化符码研究 [D]. 昆明理工大学硕士论文，2009.

[11] 李运河. 鞋文化、鞋艺术与鞋设计 [J]. 中国皮革，2005（10）.

[12] 孙秀梅. 谈中国鞋文化 [J]. 辽宁大学学报（哲学社会科学版），1997（1）.

[13] 百度百科：木屐 http：//baike.baidu.com/link？url=oi7HbVGslzB5HudHCZHs_KG2jIqT1FsoMm4Q94aAr5WtLzpY9ZTPvpRYAhps3AR1xOMiCsQU15RxuTWz_DneM_

[14] 百度百科：草鞋 http：//baike.baidu.com/view/128652.htm

[15] 周璐瑛. 现代服装材料学 ［M］. 北京：中国纺织出版社，2009.

[16] 刘斯明，孙传胜，刘再孟，边丁丁，沈成，汤承荫. 传统首饰材料的创新组合与使用探讨 ［J］. 现代装饰（理论），2014（1）。

[17] 杨寿川. 哈尼族的贝币文化 ［J］. 思想战线，1993（3）.

[18] 百度百科：麻纤维 http：//baike.baidu.com/link？url=1CgaFfvAYTenOb–Zo–QXQg8C_2V5hsW3wqxiWbW7PcnaFKlqBOehbpfwVRaKvmLD4PEnC0bX5Cffrr6p5ydz46_.

[19] 百度百科：丝纤维 http：//baike.baidu.com/link？url=z2RkkXLJ8Gj1zn9FJOPO8z0yTIN487xT5vqfR3_cIhuiBIELf73xuiCifm32Xg–zhQ57PlaTTJGbRw–Ep3qyBa.

[20] 赵翰生. 中国古代纺织与印染 ［M］. 北京：中国国际广播出版社，2010.

[21] 孟宪文，班中考. 中国纺织文化概论 ［M］. 北京：中国纺织出版社，2000.

[22] 汪灵. 中国的古象牙文物及其保护意义 ［J］. 中国文物科学研究，2007（2）.

[23] 黄玉冰. 西江苗族刺绣的技法研究 ［J］. 丝绸，2011（2）.

[24] 贝虹. 我国刺绣工艺的发展 ［J］. 丝绸，2006（10）.

[25] 张晓青. 民间刺绣种类及特征 ［J］. 安徽工业大学学报（社会科学版），2013（9）.

[26] 吴淑生，田自秉. 中国染织史 ［M］. 上海：上海人民出版社，1986.

[27] 赵承泽主编. 中国科学技术史·纺织卷 ［M］. 北京：科学出版社，2002.

[28] 韩澄. 北京传统首饰技艺传承研究 ［D］. 中央民族大学博士论文，2011.

[29] 薛婷. 金属表面的游戏——錾花工艺 ［J］. 上海工艺美术，2011（4）.

[30] 满芊何. 傣族首饰研究 ［D］. 清华大学硕士论文，2006.

[31] 关晓武，董杰，黄兴，冯呈. 蒙古靴传统制作工艺调查 ［J］. 中国科技史杂志，2007（3）.

[32] 秦峰，张荣红，赵以娟. 传统银饰的制作及其工艺特点 ［J］. 宝石和宝石学杂志，2007（3）.